Anna Maier

Funktionelle Koordinationspolymerfilme aus Polyiminoarylenen mit Terpyridin-Liganden

disserta
Verlag

Maier, Anna: **Funktionelle Koordinationspolymerfilme aus Polyiminoarylenen mit Terpyridin-Liganden,** Hamburg, disserta Verlag, 2011

ISBN: 978-3-942109-48-2
Druck: disserta Verlag, ein Imprint der Diplomica® Verlag GmbH, Hamburg, 2011

Bibliografische Information der Deutschen Nationalbibliothek
Die Deutsche Nationalbibliothek verzeichnet diese Publikation in der Deutschen Nationalbibliografie; detaillierte bibliografische Daten sind im Internet über http://dnb.d-nb.de abrufbar.

Die digitale Ausgabe (eBook-Ausgabe) dieses Titels trägt die ISBN 978-3-942109-49-9 und kann über den Handel oder den Verlag bezogen werden.

Universität zu Köln
Mathematisch-Naturwissenschaftliche Fakultät
Department für Chemie

Dieses Werk ist urheberrechtlich geschützt. Die dadurch begründeten Rechte, insbesondere die der Übersetzung, des Nachdrucks, des Vortrags, der Entnahme von Abbildungen und Tabellen, der Funksendung, der Mikroverfilmung oder der Vervielfältigung auf anderen Wegen und der Speicherung in Datenverarbeitungsanlagen, bleiben, auch bei nur auszugsweiser Verwertung, vorbehalten. Eine Vervielfältigung dieses Werkes oder von Teilen dieses Werkes ist auch im Einzelfall nur in den Grenzen der gesetzlichen Bestimmungen des Urheberrechtsgesetzes der Bundesrepublik Deutschland in der jeweils geltenden Fassung zulässig. Sie ist grundsätzlich vergütungspflichtig. Zuwiderhandlungen unterliegen den Strafbestimmungen des Urheberrechtes.

Die Wiedergabe von Gebrauchsnamen, Handelsnamen, Warenbezeichnungen usw. in diesem Werk berechtigt auch ohne besondere Kennzeichnung nicht zu der Annahme, dass solche Namen im Sinne der Warenzeichen- und Markenschutz-Gesetzgebung als frei zu betrachten wären und daher von jedermann benutzt werden dürften.

Die Informationen in diesem Werk wurden mit Sorgfalt erarbeitet. Dennoch können Fehler nicht vollständig ausgeschlossen werden und der Verlag, die Autoren oder Übersetzer übernehmen keine juristische Verantwortung oder irgendeine Haftung für evtl. verbliebene fehlerhafte Angaben und deren Folgen.

© disserta Verlag, ein Imprint der Diplomica Verlag GmbH
http://www.disserta-verlag.de, Hamburg 2011
Hergestellt in Deutschland

Funktionelle Koordinationspolymerfilme aus Polyiminoarylenen mit Terpyridin-Liganden

INAUGURAL-DISSERTATION

zur
Erlangung des Doktorgrades
der Mathematisch-Naturwissenschaftlichen Fakultät
der Universität zu Köln

vorgelegt von

Anna Maier

aus Minsk

Köln 2010

Berichterstatter: Prof. Dr. B. Tieke
Prof. Dr. U. Deiters

Tag der mündlichen Prüfung: 20.10.2010

„Nur die Sache ist verloren, die man aufgibt."

Ernst von Feuchtersleben

Meiner Familie

Kurzfassung

Durch koordinative supramolekulare Organisation konnten funktionelle ultradünne Filme aus Polyiminoarylenen mit Terpyridin(TPY)-Gruppen in der Seitenkette und divalenten Metallionen hergestellt werden. Durch Einführung unterschiedlicher Aromatengruppen wurde die Struktur der Polymere breit variiert. Die Fähigkeit der Ligandenmoleküle zur Komplexierung von Metallionen wurde zunächst in Lösung charakterisiert. Polyiminoarylene mit konjugierten TPY-Substituentengruppen zeigen starke ionochrome Eigenschaften und eignen sich als hochempfindliche und selektive Sensoren für Metallionen. Die koordinative Wechselwirkung zwischen Metallionen und Ligandenmolekülen wurde ausgenutzt, um Filme aus Koordinationspolymernetzwerken nach einem Schicht-für-Schicht-Adsorptionsprozess auf festen Trägern aufzubauen. Die Bedingungen der Filmherstellung (Tauchzeit, Waschzeit, Konzentration der Tauchlösungen und Lösungsmittel) wurden optimiert. Die Filme sind ionochrom und elektrochrom, ihre Farbe wird stark vom Metallion beeinflusst und ändert sich beim Anlegen eines elektrischen Potentials. Der Einfluss der strukturellen Variation auf die elektrochemischen (Oxidations- und Reduktionspotential, Elektrochromie) und elektronischen Eigenschaften (Elektrolumineszenz, Leuchtdichte, Effizienz) wurden untersucht. Durch den Einbau von funktionellen Gegenionen in die positivgeladenen Koordinationspolymernetzwerke konnten die elektrochemischen sowie elektrochromen Eigenschaften der Filme variiert und verbessert werden. Hohe Stabilität, kurze Schaltzeiten und hoher Kontrast beim Schalten machen die Filme interessant für technische Anwendungen. Das Verhalten der Polymere und der Koordinationspolymerfilme gegenüber Säuren und Basen wurde ebenfalls untersucht. Es wurde festgestellt, dass Säuren eine chemische Oxidation der Polymere in organischen Lösungsmitteln auslösen. Die positiv geladene, vorwiegend aromatische und daher starre und poröse Netzwerkstruktur der Filme macht sie unter anderem als Membranen, insbesondere als Molekül- und Ionensiebe oder Ionenaustauscher interessant.

Abstract

Functional ultrathin films could be prepared upon coordinative supramolecular assembly of polyiminoarylenes with terpyridine substituent groups in the side chain and divalent metal ions. The structure of the polymers was widely varied by insertion of different arylene units. The ability of the ligand molecules to complex the metal ions was first investigated in solution. Polyiminoarylenes with conjugated terpyridine substituent groups show strong ionochromic properties and are suitable as highly sensitive and selective sensor materials for metal ions. The coordinative interaction between metal ions and ligand molecules was utilized to build up film of coordination polymer networks upon layer-by-layer-assembly on solid substrates. The conditions of the film preparation (dipping time, rinse time, concentration of the dipping solutions, solvent) were optimized. The films are ionochromic and electrochromic. The colour of the film depends on the kind of metal ions used and changes during the application of an electric field. The influence of the polymer structure on the electrochemical (oxidation and reduction potentials, electrochromism) and electronic properties (electroluminescence, luminance, efficiency) were investigated. The electrochemical and electrochromic properties of the films could be varied and improved by incorporation of functional counter ions in the positively charged coordination polymer network. High stability, fast switching times and high contrast make the films interesting for technical applications. The reaction of the polymers and the coordination polymer films with acids and bases was also investigated. It was found that the polymers are chemically oxidized by treatment with acid in organic solvents. The positively charged, mainly aromatic and therefore rigid and porous network structure renders the films suitable as membranes and particularly as molecular and ion sieves, and ion exchangers, for example.

Inhaltsverzeichnis

1. EINLEITUNG 1
   1.1. LIGANDEN 1
      1.1.1. 2,2′:6′,2′′-Terpyridin und Derivaten 1
      1.1.2. Polymere mit Terpyridin in der Seitenkette 3
   1.2. PALLADIUMKATALYSIERTE KREUZKUPPLUNGEN 5
      1.2.1. Buchwald-Hartwig-Aminierung 6
      1.2.2. Polyiminoarylene via Buchwald-Hartwig-Polykondensation 7
   1.3. ELEKTROCHROMIE 9
      1.3.1. Leitfähige Polymere mit ausgeprägter Elektrochromie 10
      1.3.2. Aufbau elektrochromer Bauteile 12
      1.3.3. Anwendung elektrochromer Materialien 13
   1.4. ULTRADÜNNE FILME 16
      1.4.1. Ultradünne Filme durch Physisorption 17
2. ZIELSETZUNG 21
3. ERGEBNISSE UND DISKUSSION 23
   3.1. SYNTHESE VON POLYTOPISCHEN LIGANDEN 23
   3.2. OPTISCHE EIGENSCHAFTEN DER POLYMERE 25
      3.2.1. P-FL-TPY 25
      3.2.2. P-3,6-CBZ-TPY 26
      3.2.3. P-2,7-CBZ-TPY 27
      3.2.4. P-BocDA-TPY 28
      3.2.5. P-Ph1-TPY 29
      3.2.6. P-Ph2-TPY 29
   3.3. UNTERSUCHUNG DER KOMPLEXIERUNG DER POLYMERE MIT METALLIONEN 31
      3.3.1. P-FL-TPY 31
      3.3.2. P-Ph1-TPY 34
      3.3.3. P-Ph2-TPY 36
   3.4. HERSTELLUNG UND CHARAKTERISIERUNG ULTRADÜNNER FILME 37
      3.4.1. P-FL-TPY 39

3.4.2. Optimierung der Filmherstellung mit P-FL-TPY 43

3.4.3. P-3,6-CBZ-TPY 47

3.4.4. P-2,7-CBZ-TPY 49

3.4.5. P-Ph1-TPY 51

3.4.6. P-Ph2-TPY 51

3.4.7. P-BocDA-TPY 52

3.4.8. Abspaltung der Boc-Gruppe 54

3.5. ELEKTROCHEMISCHE UND ELEKTROCHROME EIGENSCHAFTEN DER FILME **59**

3.5.1. P-FL-TPY 59

3.5.2. P-3,6-CBZ-TPY 67

3.5.3. P-2,7-CBZ-TPY 72

3.5.4. P-Ph1-TPY 75

3.5.5. P-Ph2-TPY 76

3.5.6. P-BocDA-TPY 77

3.5.7. P-DA-TPY 81

3.6. MODIFIZIERUNG ELEKTROCHROMER EIGENSCHAFTEN DER FILME **86**

3.6.1. Einbau von elektrochromen Anionen 86

3.6.2. Einbau von elektrochromen Polyanionen 94

3.7. FARBWECHSEL BEI BEHANDLUNG MIT SÄUREN **101**

3.7.1. P-FL-TPY 101

3.7.2. P-BocDA-TPY 111

3.8. ELEKTROLUMINESZENZ **118**

3.9. IONENAUSTAUSCHERWIRKUNG DER FILME **120**

4. EXPERIMENTELLER TEIL **129**

4.1. REAGENZIEN UND VERWENDETE CHEMIKALIEN **129**

4.2. ARBEITSTECHNIK UND GERÄTE **129**

4.3. METHODEN **132**

4.4. SYNTHESEN **135**

4.4.1. Synthese von P-FL-TPY[19] 135

4.4.2. Synthese von P-3,6-CBZ-TPY 136

4.4.3. Synthese von P-2,7-CBZ-TPY 138

4.4.4. Synthese von P-Ph1-TPY *139*
4.4.5. Synthese von P-Ph2-TPY *140*
4.4.6. Synthese von P-BocDA-TPY *142*
4.4.7. Synthese von P-FL-BS *143*

5. ZUSAMMENFASSUNG **145**
6. LITERATUR **148**
7. DANKSAGUNG **153**

Abkürzungsverzeichnis

λ	Wellenlänge
λ_{ex}	Anregungswellenlänge
Φ_f	Fluoreszenzquantenausbeute
@	bei
A	Amper
Abb.	Abbildung
Abs.	Absorption
ABTS	2,2'-Azino-bis(3-ethylbenzo-thiazolin-6-sulfonsäure)
AFM	Rasterkraftmikroskopie
Ar	Arylgruppe
Boc	t-Butylcarbamat
BS	Benzolsulfonat
bzw.	beziehungsweise
c	Konzentration
°C	Grad Celsius
CBZ	Carbazol
cd	Candela
ClO_4	Perchlorat
cm	Zentimeter
CV	Cyclische Voltammetrie
DA	Diphenylamin
DCM	Dichlormethan
DMF	N,N-Dimethylformamid
DMSO	Dimethylsulfoxid
EDX	Energiedispersive Röntgenspektroskopie
EL	Elektrolumineszenz
FL	Fluoren
FOC	Ferrocen
g	Gramm
HNO_3	Salpetersäure
ITO	Indiumzinnoxid
IR	Infrarot
PF_6	Hexafluorophosphat
l	Liter
LM	Lösungsmittel
m	Meter

Abkürzungsverzeichnis

M	Molar
MALDI	engl. *Matrix Assisted Laser Desorption/Ionisation*
MeOH	Methanol
min	Minute
mol	Mol
MSS	Methansulfonsäure
M_w	Molekulargewicht
nm	Nanometer
NMR	Kernspinresonanzspektroskopie (engl. *nuclear magnetic resonance*)
Nr.	Nummer
OAc	Acetat
OLED	organische Leuchtdiode (engl. *organic light emitting diode*)
Ox.	Oxidationsstufe
PAH	Polyallylamin-hydrochlorid
Pd	Palladium
PEDOT	Poly-3,4-ethylendioxythiophen
PEI	Polyethylenimin
Ph	Phenylen
PSS	Natriumpolystyrolsulfonat
REM	Rasterelektronenmikroskopie
s	Sekunde
t	Zeit
Tab.	Tabelle
TEA	Triethylamin
THF	Tetrahydrofuran
TPBI	1,3,5-Tri(phenyl-2-benzimidazolyl)-benzol
TPY	2,2´:6,2´´-Terpyridin
TFES	Trifluoressigsäure
$\Delta\%T$	Kontrast in der Transmission
UV	Ultraviolett
V	Volt
Vis	sichtbares Licht (von engl. *visible light*)
v/v	Volumenverhältnis
z.B.	zum Beispiel
Äq.	Äquivalent

1. Einleitung

1.1. Liganden

Die Fähigkeit von Stickstoffheterozyklen, Übergangsmetallionen außerordentlich effektiv und stabil zu komplexieren, wird schon seit langem in der Analytischen Chemie angewendet. In der Supramolekularen Chemie nutzte man später diese Eigenschaft zum Aufbau anspruchsvoller Strukturen wie Helikate, Leitern oder Gitter. Erst in den letzten Jahrzehnten wurde versucht, die Makromolekulare und Supramolekulare Chemie durch die Entwicklung von metallkomplexierenden und metallhaltigen Polymeren mit Anwendungen von der Filtration bis zur Katalyse zu kombinieren. Die entscheidende Anforderung an Materialien für solche Anwendungen ist die Stabilität der Polymer-Metallkomplexe.[1] Besonders viel versprechend ist die Verwendung der mehrzähnigen Chelatliganden Bipyridin **1**[2,3] (Abb. 1.1), 2,2′:6′,2′′-Terpyridin **2**,[4-7] Bis(benzimidazolyl)pyridin **3**,[8] Bis(benzthiazolyl)-pyridin **4**,[9] Bis(pyrazolyl)-pyridin **5**,[10] Bis(pyrazolyl)triazin **6**[11] sowie Dipyrrin **7**,[12,13] die sehr stabile Übergangsmetallkomplexe mit beeindruckenden physikalischen Eigenschaften bilden.

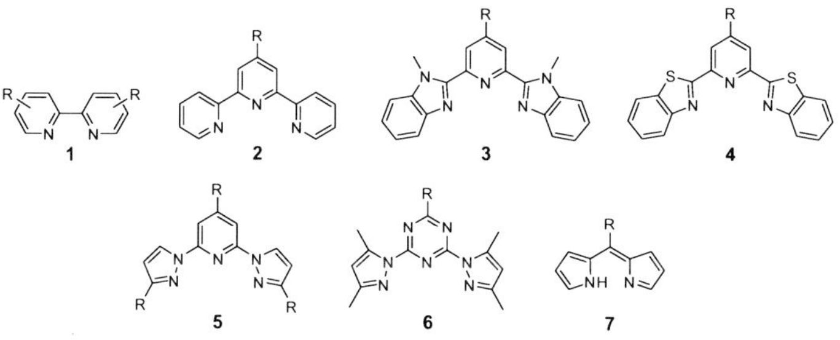

Abb. 1.1:   *Einige bekannte mehrzähnige Chelatliganden.*

1.1.1. 2,2′:6′,2′′-Terpyridin und Derivaten

2,2′:6′,2′′-Terpyridin (TPY) wurde 1932 von S. G. Morgan und F. H. Burstall als Nebenprodukt in geringen Ausbeuten (~ 1%) bei der Dehydrierung von Pyridin mit Eisen(III)chlorid im Autoklaven entdeckt.[14] TPY ist ein 3-zähniger Ligand, der mit vielen Übergangsmetallen in niedrigen Oxidationsstufen Bis-Metallkomplexe bildet. Die hohe Stabilität dieser Komplexe kann außer über den starken Chelateffekt über eine starke Metall-

Ligand-Rückbindung erklärt werden. Die typische Koordinationsgeometrie dieser Komplexe ist verzerrt oktaedrisch.[15] Aufgrund der gut untersuchten Metall-Komplexierungseigenschaften ist Terpyridin heute ein vielfach verwendeter Chelatligand, der besonders als Rezeptoreinheit bei der Metall-Ligand-kontrollierten Selbstorganisation zum Einsatz kommt.

In den letzten Jahren wurden viele an unterschiedlichen Positionen substituierte Terpyridinderivate synthetisiert. Unter ihnen sind vor allem die 4'-funktionalisierten Terpyridine nützliche Bausteine für supramolekulare Komplexe und Polymere, da sie eine genau co-lineare Anordnung zweier Struktureinheiten erlauben. Aufgrund der Symmetrie der Komplexe mit einer Rotationsachse durch die 4'-Position erhält man außerdem bei der Komplexbildung keine Isomerengemische.[16]

Terpyridine, die in 4'-Position Phenyl- oder Alkinylgruppen als Substituenten tragen, haben aufgrund des ausgedehnten konjugierten π-Systems hervorragende optische Eigenschaften, wie z.b. die Lumineszenz der entsprechenden Komplexe mit Ruthenium, Osmium, Iridium oder Platin bei Raumtemperatur.[17]

E. C. Constable und M. D. Ward beschrieben 1990 eine Zweistufensynthese mit einer Gesamtausbeute von 64 % zur Herstellung von 4'-substituiertem Terpyridin.[18] Die erste Stufe geht dabei von Aceton und zwei Äquivalenten Picolinsäureethylester aus. In einer Claisen-Kondensation wird ein 1,3,5-Triketon gebildet, das Terpyridingrundgerüst wird anschließend durch Kondensation des Triketons mit Ammoniumacetat zum Dipyridylpyridon aufgebaut (Schema 1.1).

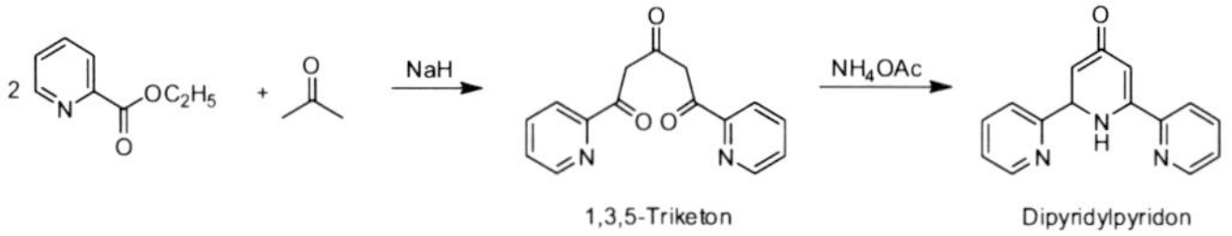

Schema 1.1: *Synthese von 2,2':6',2''-Terpyridin.*

A. R. Rabindranath verwendete diesen Weg für die Synthese von 4'-substituiertem Aminophenylterpyridin.[19] Weitere Reaktiosschritte, wie eine Substitution mit Trifluoromethansulfonanhydrid, eine Bromierung und anschließende Suzuki-Kupplung von Bromterpyridin mit 4-(4,4,5,5-Tetramethyl-1,3,2-dioxaborolan-2-yl)anilin, führten zum gewünschen Produkt (Schema 1.2).

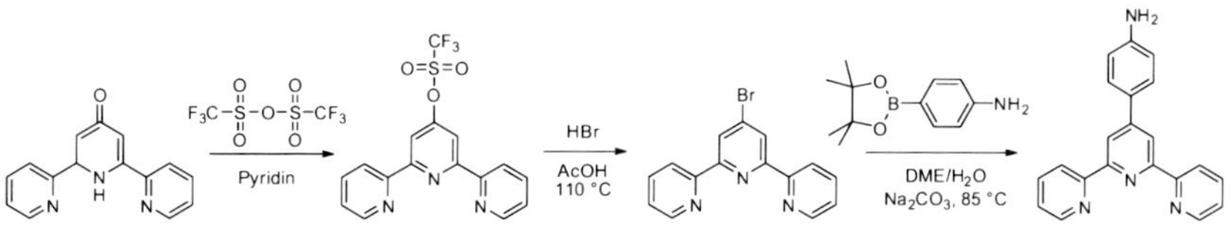

Schema 1.2: *Synthese von 4'-(4-Aminophenyl)-2,2':6',2''-terpyridin.*

1.1.2. Polymere mit Terpyridin in der Seitenkette

Der Einbau von Terpyridinliganden in eine Polymerseitenkette wurde zum ersten Mal von K. T. Potts und D. A. Usifer beschrieben.[20] Durch freie radikalische Polymerisation wurde Poly(4'-vinyl-2,2':6',2''-terpyridin) (Abb. 1.2) hergestellt. Das Polymer wurde als weißes Pulver isoliert, dessen mittlere Molmasse bei ca. 60.000 g·mol^{-1} lag. Die Zugabe von Metallionen zum Polymer führte zur Bildung von unlöslichen Polymer-Metallkomplexen. Das freie Polymer konnte durch Behandlung mit heißer konzentrierter Salzsäure zurückgewonnen werden.

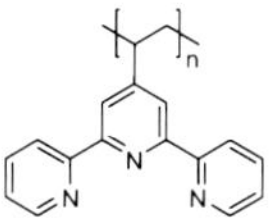

Abb. 1.2: *Erstes TPY-haltiges Polymer (Poly(4'-vinyl-2,2':6',2''-terpyridin)).*

Die Synthese des ersten π-konjugierten Polymers mit TPY in der Seitenkette, Poly(p-phenylenvinylen)terpyridin (Abb. 1.3), wurde von M. Kimura und K. Hanabusa et al.[21] beschrieben. Die Polymerisation wurde als Wittig-Reaktion von 2,5-Bis(hexyloxy)-benzyl-1,4-dialdehyd mit dem Terpyridylphosphoniumsalz ausgeführt. Die Molmasse des Polymers betrug 4.000 g·mol^{-1}. Poly(p-phenylenvinylen)terpyridin wies eine Fluoreszenz auf und zeigte chemosensorische Eigenschaften gegenüber Metallionen. Die Fluoreszenz der Polymerkomplexe wurde in Abhängigkeit von den Metallionen untersucht. Dabei zeigte sich, dass bei 524 nm Fe^{2+}-, Fe^{3+}-, Ni^{2+}-, Cu^{2+}-, Cr^{2+}-, Mn^{2+}- und Co^{2+}-Ionen die Fluoreszenz vollständig löschen, während Pd^{2+}-, Sn^{2+}-, Al^{3+}- und Ru^{2+}-Ionen eine Blauverschiebung des Emissionsspektrums bewirken.

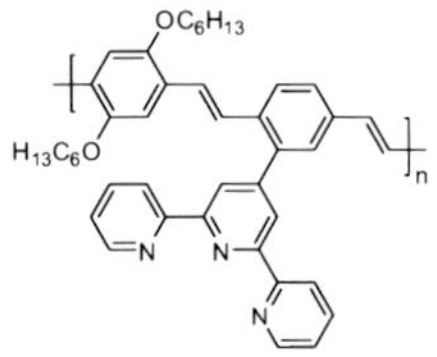

Abb. 1.3: *Poly(p-phenylenvinylen)terpyridin.*

W. E. Jones et al.[22] beschreibt die Synthese eines π-konjugierten Poly[(p-phenylen ethynylen)-alt-(thienylen ethynylen)] mit 4'-Vinylphenyl-2,2':6',2''-terpyridin in der Seitenkette (Abb. 1.4). Das Polymer wurde über Pd-katalysierte Sonogashira-Kupplungsreaktion synthetisiert. Das Produkt wies eine blaue Fluoreszenz mit einer Quantenausbeute von 86 % auf und wurde als Chemosensor bezeichnet. Die Zugabe von Ni^{2+}-Metallionen zum Polymer führte zur Löschung der Fluoreszenz.

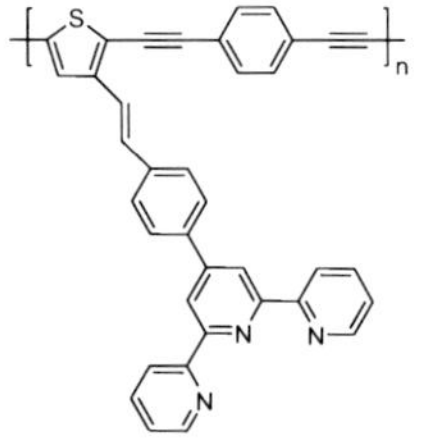

Abb. 1.4: *Poly[(p-phenylen ethynylen)-alt-(thienylen ethynylen)-3-vinylphenyl-2,2':6',2''-terpyridin].*

A. R. Rabindranath ist es gelungen, ein Polyiminofluoren mit Phenylterpyridin in der Seitenkette (Abb. 1.5) über eine Buchwald-Hartwig-Polykondensation zu synthetisieren.[19] In seiner Doktorarbeit untersuchte er die optischen und komplexbildenden Eigenschaften des Polymers mit Zn^{2+}- und Fe^{2+}-Metallionen.

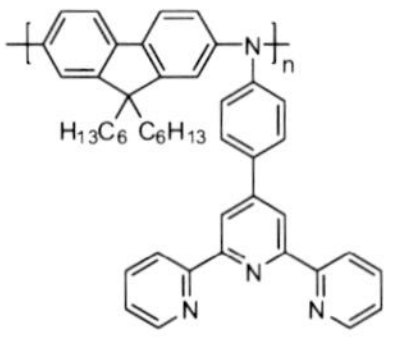

Abb. 1.5: *Poly(N-(4'-(2,2':6',2''-terpyridyl)phenyl)imino-9,9-di-n-hexyl-2,7-fluorenylen.*

1.2. Palladiumkatalysierte Kreuzkupplungen

Palladiumkatalysierte Kreuzkupplungsreaktionen sind eine relativ neue Methode zur Knüpfung von C-C- und C-N-Bindungen. Da sie sowohl unter milden Bedingungen ablaufen als auch eine Vielfalt funktioneller Gruppen miteinander verknüpft werden können und darüber hinaus stereospezifisch, regioselektiv und in hohen Ausbeuten verlaufen, eignen sie sich ideal für die Synthese komplizierter organischer Verbindungen.

Es gibt eine Vielzahl von verschiedenen palladiumkatalysierten Kreuzkupplungen. Die wichtigsten bekannten Namensreaktionen sind in Schema 1.3 abgebildet.[23]

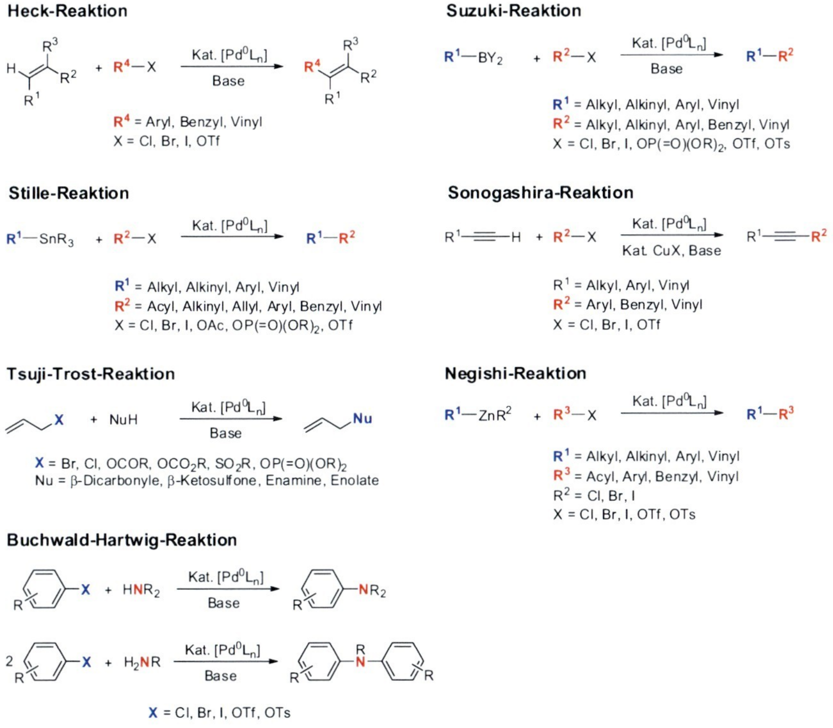
Heck-Reaktion
Kat. [Pd⁰Lₙ]
Base
R⁴ = Aryl, Benzyl, Vinyl
X = Cl, Br, I, OTf
Suzuki-Reaktion
R¹—BY₂ + R²—X → R¹—R²
R¹ = Alkyl, Alkinyl, Aryl, Vinyl
R² = Alkyl, Alkinyl, Aryl, Benzyl, Vinyl
X = Cl, Br, I, OP(=O)(OR)₂, OTf, OTs
Stille-Reaktion
R¹—SnR₃ + R²—X → R¹—R²
R¹ = Alkyl, Alkinyl, Aryl, Vinyl
R² = Acyl, Alkinyl, Allyl, Aryl, Benzyl, Vinyl
X = Cl, Br, I, OAc, OP(=O)(OR)₂, OTf
Sonogashira-Reaktion
Kat. CuX, Base
R¹ = Alkyl, Aryl, Vinyl
R² = Aryl, Benzyl, Vinyl
X = Cl, Br, I, OTf
Tsuji-Trost-Reaktion
X = Br, Cl, OCOR, OCO₂R, SO₂R, OP(=O)(OR)₂
Nu = β-Dicarbonyle, β-Ketosulfone, Enamine, Enolate
Negishi-Reaktion
R¹—ZnR² + R³—X → R¹—R³
R¹ = Alkyl, Alkinyl, Aryl, Vinyl
R³ = Acyl, Aryl, Benzyl, Vinyl
R² = Cl, Br, I
X = Cl, Br, I, OTf, OTs
Buchwald-Hartwig-Reaktion
X = Cl, Br, I, OTf, OTs

Schema 1.3: *Die gebräuchlichen palladiumkatalysierten Kreuzkupplungsreaktionen.*[23]

Einleitung

1.2.1. Buchwald-Hartwig-Aminierung

Stickstoffhaltige aromatische Verbindungen sind interessant als Materialien für die optische Speicherung, als Flüssigkristalle, Polymer-Farbstoffe sowie als leitende Polymere. Zwar existieren schon seit ca. 100 Jahren Methoden, um eine aromatische C-N-Verknüpfung zu generieren, jedoch waren diese aufgrund ihrer harschen Reaktionsbedingungen und eingeschränkten Kompatibilität mit funktionellen Gruppen nur von begrenztem Nutzen.[24,25] Erst die Veröffentlichung einer palladiumkatalysierten, milden Methode zur Kupplung von Zinnamiden mit Bromaromaten und –alkenen 1983 führte zu einer Wiederbelebung der Forschung auf diesem Gebiet (Schema 1.4).[26]

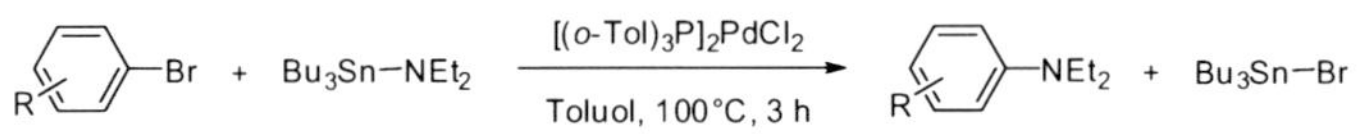

$$\text{R}-\text{C}_6\text{H}_4-\text{Br} + \text{Bu}_3\text{Sn}-\text{NEt}_2 \xrightarrow[\text{Toluol, 100°C, 3 h}]{[(o\text{-Tol})_3\text{P}]_2\text{PdCl}_2} \text{R}-\text{C}_6\text{H}_4-\text{NEt}_2 + \text{Bu}_3\text{Sn}-\text{Br}$$

Schema 1.4: *Erste palladiumkatalysierte Aminierung.*

Eine wichtige Entwicklung war der Ersatz von Monophosphinliganden wie z.B. P(o-Tol)$_3$, mit denen zinnfreie Aminierungen durchgeführt werden können, durch Chelatliganden wie z.B. 2,2′–Bis(diphenylphosphino)–1,1′–binaphthyl (BINAP) oder 1,1'-Bis(diphenyl-phosphino)ferrocen (DPPF), die die Stabilität des Katalysators verbesserten und Nebenreaktionen wie z.B. die β-Eliminierung unterdrückten.[27,28] Die palladium-katalysierte Buchwald-Hartwig-Aminierung von Halogenaromaten und –alkenen konnte dadurch mit primären und sekundären Alkyl- und Arylaminen, heteroaromatischen Systemen und Triflaten durchgeführt werden (Schema 1.5).

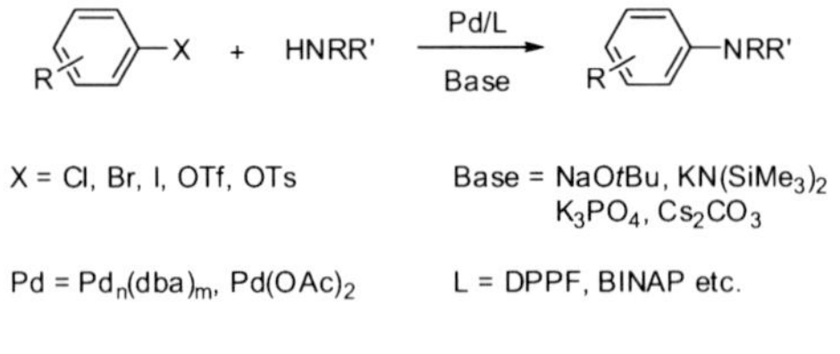

$$\text{R}-\text{C}_6\text{H}_4-\text{X} + \text{HNRR'} \xrightarrow[\text{Base}]{\text{Pd/L}} \text{R}-\text{C}_6\text{H}_4-\text{NRR'}$$

X = Cl, Br, I, OTf, OTs   Base = NaOtBu, KN(SiMe$_3$)$_2$, K$_3$PO$_4$, Cs$_2$CO$_3$

Pd = Pd$_n$(dba)$_m$, Pd(OAc)$_2$ L = DPPF, BINAP etc.

Schema 1.5: *Prinzip der palladiumkatalysierten Aminierung.*

Im Laufe der letzten Jahre beschäftigten sich einige kinetische und mechanistische Studien mit Buchwald-Hartwig-Aminierungen, die den Einfluss verschiedener Liganden und Additive zu klären versuchten.[29-34] So ergibt sich ein relativ einheitliches Bild des Reaktionsmechanismus (Schema 1.6).

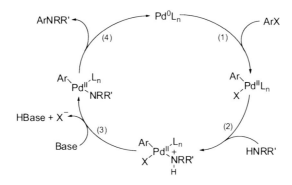

Schema 1.6: *Mechanismus der palladiumkatalysierten Aminierung.*

Die Kupplungsreaktion besteht aus vier grundlegenden Schritten: oxidative Addition des Katalysators an das Halogenid (1), Assoziation des Amins (2), Dehydrohalogenierung (3) und reduktive Eliminierung des Produkts (4).

Ausgehend von den Veröffentlichungen existiert eine ganze Reihe möglicher Liganden, Präkatalysatoren, Basen und Lösungsmittel für die Durchführung einer Buchwald-Hartwig-Aminierung.

1.2.2. Polyiminoarylene via Buchwald-Hartwig-Polykondensation

In den letzten Jahren erschienen zahlreichen Publikationen, die sich mit der Synthese stickstoffhaltiger Polymere über eine Buchwald-Hartwig-Polykondensation beschäftigen. Die Variationsmöglichkeiten zur Auswahl von Halogenaromaten und primären und sekundären Aminen bzw. Diaminen ist unendlich. Beispiele einiger interessanter, durch Buchwald-Hartwig-Aminierung hergestellter Polymere sind in Tabelle 1.1 zusammengefasst.[35-39]

Tabelle 1.1: Beispiele der Polyiminoarylene aus der Literatur.[35-39]

Ar$_1$ Dibromid	Ar$_2$ Amin/Diamin	Polymer	Ref.
(1,3-Dibrombenzol)	(m-Phenylendiamin); (4,4'-Oxydianilin); (3,3'-Sulfonyldianilin); (2,4-Diamino-6-methyl-1,3,5-triazin)	$+Ar_1-\overset{H}{N}-Ar_2-\overset{H}{N}+_n$	35
	(4-Aminoazobenzol-4'-amin)	$+Ar_1-\underset{Ar_2}{N}+_n$	36
(4,4'-Dibromdiphenylether); (2,6-Dibrompyridin); (3,5-Dibrompyridin); (2,5-Dibromthiophen)	(m-Phenylendiamin)	$+Ar_1-\overset{H}{N}-Ar_2-\overset{H}{N}+_n$	35
(4,4'-Dibromdiphenylether)	(4,4'-Oxydianilin); (4-Aminoazobenzol-4'-amin)	$+Ar_1-\overset{H}{N}-Ar_2-\overset{H}{N}+_n$; $+Ar_1-\underset{Ar_2}{N}+_n$	35; 36
(2,6-Dibrompyridin)	(2,6-Diaminopyridin)	$+Ar_1-\overset{H}{N}-Ar_2-\overset{H}{N}+_n$	35
(3,6-Dibrom-N-alkylcarbazol)	(Anilin); (p-Toluidin)	$+Ar_1-\underset{Ar_2}{N}+_n$	37
(2,7-Dibrom-9,9-dialkylfluoren)	(Anilin); (p-Toluidin)	$+Ar_1-\underset{Ar_2}{N}+_n$	38

Tabelle 1.1 (Fortsetzung): *Beispiele der Polyiminoarylene aus der Literatur.*[35-39]

(Struktur mit Br, Alkyl, Pyrrolopyrrol-dion)	(H$_2$N-substituierte Aromaten: Anilin, Biphenyl, Anthracen, Pyren, Diaminodiphenylamin)	$+\!\!\left[Ar_1\!-\!\underset{Ar_2}{N}\right]_{\!n}$ $+\!\!\left[Ar_1\!-\!\underset{R}{N}\!-\!Ar_2\!-\!\underset{R}{N}\right]_{\!n}$	39

Die nach Buchwald-Hartwig hergestellten Polymere weisen interessante photophysikalische und elektrochemische Eigenschaften wie Fluoreszenz und Elektrochromie auf.

1.3. Elektrochromie

Die Elektrochromie beruht auf der Eigenschaft vieler organischer und anorganischer Verbindungen, in verschiedenen Oxidationszuständen stark unterschiedliche Absorptionseigenschaften aufzuweisen,[40] welche elektrochemisch reversibel geschaltet werden können. Sie kann dazu genutzt werden, die Lichttransmission oder –reflektion von Objekten gezielt zu steuern. Im Jahr 1953 wurde der Effekt durch die Blaufärbung von Wolframoxid bei elektrochemischer Oxidation von T. Kraus entdeckt.[41,42] Heute sind viele Materialien bekannt, die elektrochrome Eigenschaften zeigen. Man unterteilt diese in organische und anorganische Substanzen,[43] welche meistens in Form dünner Schichten Verwendung finden.

Im Falle der organischen Materialien wird die Einfärbung durch eine Redoxreaktion verursacht. Eine freie Beweglichkeit von Ladungsträgern wird durch die konjugierten Doppelbindungen z. B. in leitfähigen Polymeren ermöglicht.

1.3.1. Leitfähige Polymere mit ausgeprägter Elektrochromie

Leitfähige Polymere werden seit den 1970er Jahren intensiv untersucht. Sie können für verschiedene Einsatzbereiche geeignet sein, insbesondere für Sensorik- und Elektronikanwendungen, wie Schaltungen, Solarzellen, organische Leuchtdioden (OLEDs), Batterien und Kondensatoren.

Einige leitfähige elektrochrome Polymere aus den Gruppen der Polyaniline, Polythiophene und Polypyrrole sind mit den Farben ihrer unterschiedlichen Oxidationsstufen in Tabelle 1.2 aufgeführt.[44,45]

Tabelle 1.2: *Elektrochrome Polymere.*

Polymer	Kurzname	Reduzierter Zustand	Oxidierter Zustand
Polyanilin	PANI	farblos	grün
Poly-o-phenylendiamin	PPD	farblos	rotbraun
Polythiophen	PTh	grün	braun
Poly-3-methylthiophen	P3MT	rot	blau
Poly-3,4-ethylendioxythiophen	PEDOT	dunkelblau	hellblau
Polypyrrol	PPy	gelb	blauviolett
Poly-3,4-ethylendioxypyrrol	PEDOP	rot	farblos

Man erkennt, dass unterschiedliche Farben und Farbübergänge möglich sind und durch Modifizierung des jeweiligen Polymergrundgerüsts eine starke Veränderung der elektrochromen Eigenschaften erreicht werden kann. Der Vorteil solcher Materialien ist ein schnelles Schaltverhalten, allerdings macht eine geringe Langzeitstabilität die Verwendung für dauerhaft funktionierende Bauteile problematisch.

Derzeit wird PEDOT (Poly-3,4-ethylendioxythiophen) als einziges leitfähiges elektrochromes Polymer im großtechnischen Maßstab hergestellt. Für elektrochrome Anwendungen ist es jedoch nur eingeschränkt geeignet, da es einen begrenzten optischen Schalthub und einen nicht völlig ungefärbten gebleichten Oxidationszustand aufweist, so dass es zwischen einem helleren und einem dunkleren Farbton schaltet.[46]

Die Suche nach neuen elektrochromen Polymeren ist ein aktuelles Forschungsgebiet, auf dem viele Forschergruppen arbeiten. Neben den schon in Tabelle 1.1 dargestellten elektrochromen Polyiminoarylenen existiert eine Vielzahl von Polymeren und Copolymeren auf Basis von Diphenylamin,[47] 2,3-Dihydrothieno[3,4-b][1,4]dioxin,[48] Pyridin,[48] Thiophen,[49]

Triphenylamin,[49] 3,4-Dihydro-2H-thieno[3,4-b][1,4]dioxepin[50] sowie unterschiedlichen Polyaminamiden,[51-58] die ebenfalls eine Elektrochromie während einer elektrochemischen Oxidation aufweisen. Die Strukturen solcher Polymere sind mit den Farben ihrer unterschiedlichen Oxidationsstufen in Tabelle 1.3 zusammengefasst.

Tabelle 1.3: *Neue elektrochrome Polymere.*[47-58]

Polymer	Reduzierter Zustand	Oxidierter Zustand	Ref.
	hellbraun	rot, purpur	47
	gelb	dunkelblau	48
	orange	dunkelblau	48
	gelb	grün	49
	farblos	khaki	49
	gelb	braun	48
	gelb	braun	48
	dunkelblau	hellblau	50
	blassgelb	grün, blau	51 52
	gelb	dunkelblau	53

Einleitung

Tabelle 1.3 (Fortsetzung): Neue elektrochrome Polymere.[47-58]

Polymer	Reduzierter Zustand	Oxidierter Zustand	Ref.
	gelb	grün	54
	gelb	grün	55
	farblos	gelb, blau, schwarz	56
	hellgelb	rot	57
	hellgelb	blau	57
	farblos	blau	58
	gelb	grün, dunkelblau	58

1.3.2. Aufbau elektrochromer Bauteile

Grundsätzlich sind alle elektrochromen Bauteile nach einem ähnlichen Prinzip aufgebaut (Abb. 1.6). Zwischen zwei Substraten (z.B. aus Glas), die transparente leitfähige Deckschichten besitzen (z.B. aus Indiumzinnoxid, ITO), befindet sich das elektrochrom aktive Material. Die beiden Substrate sind meist auch lichtdurchlässig, nur bei schaltbaren Spiegeln ist eines der Substrate hochreflektiv verspiegelt, und bei schaltbaren Displayelementen kann es auch lichtundurchlässig sein.[42,46]

Einleitung

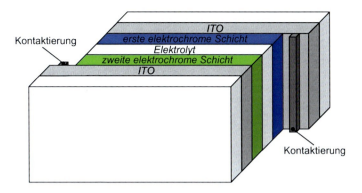

Abb. 1.6: *Aufbau eines elektrochromen Elements.*

Die elektrochromen Aktivkomponenten werden jeweils auf die transparenten leitfähigen Schichten der beiden Substrate aufgebracht und bilden so zwei Halbzellen, die durch einen Lithium-ionenleitenden Elektrolyten miteinander verbunden werden, wodurch man eine elektrochemische Zelle erhält. In elektrochromen Bauteilen mit leitfähigen Polymeren sind immer zwei in der Regel unterschiedliche Aktivschichten miteinander kombiniert. Eine Gleichspannung im einstelligen Voltbereich bewirkt nun, dass die aktiven Schichten elektrochemisch umgeladen werden (oxidiert oder reduziert), was in einer Färbung bzw. Entfärbung des elektrochromen Elements resultiert. Bei Polaritätswechsel erfolgt dann die Entfärbung oder ein Farbwechsel.

1.3.3. Anwendung elektrochromer Materialien

Die Fähigkeit zum Farbwechsel bei Aufnahme oder Abgabe von Elektronen kann auf vielfältige Weise genutzt werden. Bereits bewährt haben sich elektrochrome Substanzen bei elektrisch einfärbbaren Fensterscheiben (Abb. 1.7). Elektrochrome Schichten können die durch Sonnenstrahlen bewirkte Überwärmung von Räumen verhindern und so die Energieaufwendungen zur Klimatisierung von Gebäuden sowie Autoinnenräumen verringern.[59,60]

Einleitung

Abb. 1.7: *Elektrochrome Fenster (Quelle: Pilkington Holding GmbH).*

Eine andere Anwendung der Elektrochromie ist der automatisch abblendbare Rückspiegel (Abb. 1.8). So sorgen elektrochrome Nanoschichten im Autorückspiegel für eine automatische Abdunklung, die eine optimale Sicht bei allen Lichtverhältnissen garantiert. Ein Sensor misst die relative Lichtintensität durch die Heck- und Frontscheibe und leitet das Ergebnis an einen Mikroprozessor weiter, welcher den Ladungszustand der elektrochromen Schichten entsprechend einstellt. Bei großer relativer Lichtstärke wird abgedunkelt. Hierdurch wird eine Nachtfahrt erheblich sicherer.[59,60]

Abb. 1.8: *Automatisch abblendbarer Autorückspiegel (Quelle: Volkswagen AG).*

Im Bereich der Optik finden elektrochrome Elemente als elektrisch steuerbare Sonnenbrillen eine Anwendung. Die Sonnenbrillen-Prototypen lassen sich auf Knopfdruck dimmen. Neben verschiedenen Helligkeitsstufen können auch die Farben der Brillengläser verändert werden. Um den Effekt zu erzielen, wird auf elektrochrome Polymere gesetzt. Bedient wird die Brille über einen winzigen Knopf am Bügel.[61]

Bei einer Kombination der elektrochrom aktiven Materialien können spektral unterschiedlich schaltbare Farbfilter hergestellt werden. Solche Farbfilter finden Einsatz zur Steuerung der Laserleistung oder der auf Lichtdetektoren einfallenden Strahlungsintensität in der Mikroskopie.[46]

Durch Verwendung eines elektrochromen Materials auf einer Elektrode mit einer sehr hohen Oberfläche kann der Eindruck von "Tinte auf Papier" bei vollständiger Unabhängigkeit vom Betrachtungswinkel erreicht werden.[62,63] Elektrochrome Anzeigen färben sich beim Anlegen einer Spannung und absorbieren dann das Licht (Abb. 1.9).

Abb. 1.9: *Elektrochrome Anzeige (Quelle: NTERA, Inc.).*

Einrollbare elektrochrome Displays in Papierform erreichen zur Zeit die Marktreife (Abb. 1.10). Die Displays sind besonders energiesparend, da sie nur Strom brauchen, um ihre Anzeige zu ändern. Die elektrochromen Displays werden vor allem für e-Books (als eine Alternative zu Tageszeitungen und Bücher) (Abb. 1.11) und elektronische Landkarten verwendet.[64]

Abb. 1.10: *Elektrochromes Display (Quelle: Siemens AG).*

Abb. 1.11: *E-Book-Reader (Quelle: Skiff, LLC).*

1.4. Ultradünne Filme

Ultradünne Filme sind aufgrund ihrer Verwendung in den Bereichen Sensorik, Biosensorik, integrierte Optik, Elektrooptik, Elektronik, bei der Stofftrennung und auch in der Medizin von aktuellem Interesse. Zum Aufbau von ultradünnen Filmen wurden in den letzten Jahren verschiedene Verfahren beschrieben. Durch Spin-Coating, Abscheidung aus der Gasphase, Elektropolymerisation und Tauchlackierung ist die Herstellung von ultradünnen Filmen möglich. Diese Filme sind jedoch nicht definiert aufgebaut. Es besteht dabei kaum eine Möglichkeit, den molekularen Aufbau und die Dicke der Filme zu beeinflussen.

Durch die elegante Methode des Schicht-für-Schicht-Aufbaus lassen sich dagegen organisierte Filme definierter Dicke im Nanometerbereich herstellen.[65] Die verschiedenen Schichten eines Multischichtsystems können aus unterschiedlichen Molekülen bestehen, die durch intermolekulare Kräfte (van-der-Waals-Kräfte, Wasserstoffbrücken, Charge-Transfer-Wechselwirkungen, elektrostatische Anziehung, koordinative Bindung, kovalente Verknüpfung) zusammengehalten werden. Eine Variation der verwendeten Materialien für den Schichtaufbau erlaubt es, gezielt Schichtsysteme mit spezifischen physikalischen, chemischen sowie mechanischen Eigenschaften herzustellen.

Für die Herstellung organisierter Filme werden hauptsächlich drei Verfahren verwendet: Langmuir-Blodgett-Technik, Chemisorption und Physisorption. Die Langmuir-Blodgett-Technik erlaubt den Aufbau organisierter Mono- und Multischichten aus Seifenmolekülen und amphiphilen Polymeren.[65] Bei der Chemisorption basiert die Anbindung von Molekülen an die Substratoberfläche auf der Ausbildung von kovalenten Bindungen.[66] Die Herstellung von ultradünnen Multischichten durch Physisorption beruht auf der elektrostatischen oder koordinativen Wechselwirkungen zwischen den Komponenten.[67-71]

1.4.1. Ultradünne Filme durch Physisorption

Das grundlegende Konzept der Physisorption wurde 1966 erstmals von R. K. Iler beschrieben.[72] Ihm gelang der Aufbau von Multischichten aus kolloidalem Böhmit mit kolloidalem Silikat durch alternierende elektrostatische Adsorption. Im Jahr 1991 wurde diese Methode von G. Decher et al. aufgegriffen und die Herstellung von Multischichten aus Bolaamphiphilen und Polyelektrolyten untersucht.[67-69] Durch die elektrostatischen Wechselwirkungen zwischen entgegengesetzt geladenen Komponenten und durch effektive Ladungsinversion der Substratoberfläche nach den einzelnen Adsorptionsschritten wird der Aufbau von Multischichten ermöglicht. Dieses Verfahren wird als elektrostatische Selbstorganisation bezeichnet.

In Schema 1.7(a) ist der Multischichtaufbau am Beispiel zweier entgegengesetzt geladener Polyelektrolyte schematisch dargestellt. Durch das Eintauchen des Substrates in die Lösung eines anionischen Polyelektrolyten wird dieser adsorbiert, was zu einer Ladungsumkehr auf der Oberfläche führt. Wird nun das Substrat in die Lösung eines kationischen Polyelektrolyten getaucht, erfolgt wiederum eine Adsorption unter Ladungsumkehr. Die Dicke der Filme kann durch beliebige Wiederholung der Adsorptionsschritte kontrolliert werden.

Für einen regelmäßigen Aufbau von ultradünnen Schichten durch elektrostatische Selbstorganisation sind neben Polyelektrolyten auch Moleküle mittlerer Länge mit polaren Gruppen an beiden Enden (Bolaamphophile) geeignet. In Schema 1.7(b) ist der Multischichtaufbau aus einem anionischen Bolaamphiphil und einem kationischen Polyelektrolyten dargestellt. Der Aufbau von Multischichten aus entgegengesetzt geladenen Bolaamphiphilen ist ebenso möglich (Schema 1.7(c)).

(a)

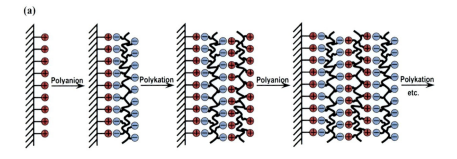

(b)

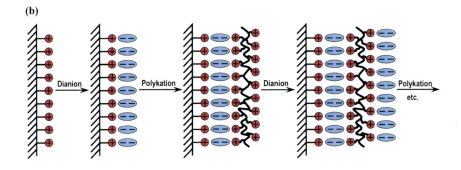

(c)

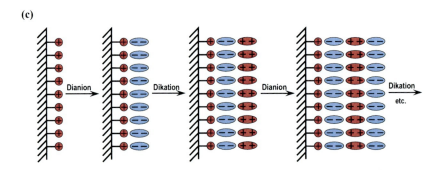

Schema 1.7: *Multischichtaufbau durch elektrostatische Schicht-für-Schicht-Adsorption. Systeme: Polyanion/Polykation (a); Dianion/Polykation (b); Dianion/Dikation (c).*

Erstmalige Einbeziehung metallosupramolekularer Funktionseinheiten in strukturierte, ultradünne Polyelektrolytfilme gelang 1998 M. Schütte et al.[73] Dies war durch einen zweistufigen Aufbauprozess möglich. Zuerst wurde ein lineares metallosupramolekulares Koordinationspolymer durch eine Reaktion von 1,4-Bis(2,2′:6,2′′-terpyridin-4′-yl)benzol mit Metallionen erzeugt. Danach wurde der positiv geladene Koordinationspolyelektrolyt durch Schicht-für-Schicht-Adsorption mit einem negativ geladenen Polyelektrolyten auf einen Träger aufgebracht (Schema 1.8). Dieses Aufbauprinzip nutzten auch D. G. Kurth et al. um die Multischichtfilme aus unterschiedlichen Terpyridin-haltigen Koordinationspolymeren und Polystyrolsulfonat herzustellen.[74,75]

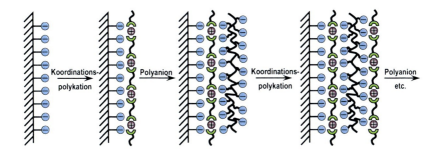

Schema 1.8: *Elektrostatische Schicht-für-Schicht-Adsorption. System: Koordinationspolykation/Polyanion.*

Erst 7 Jahre später haben K. Kanaizuka et al. Multischichtfilme über die Knüpfung von koordinativen Bindungen hergestellt.[76,77] Besitzt ein Molekül anstatt der polaren Gruppen Liganden-Gruppen, ist der Multischichtaufbau durch reine koordinative Wechselwirkungen möglich. Für die Herstellung ultradünner Filme durch koordinative Wechselwirkungen werden bevorzugt Verbindungen mit Terpyridin-Liganden verwendet. Sie garantieren eine vorherbestimmte, eindeutig definierte Stereo- und Regiochemie der supramolekularen Architekturen. So werden die Filme durch alternierendes Tauchen von Trägern in eine Metallsalz-haltige Lösung und in eine Lösung eines Bis-Terpyridin-Liganden hergestellt (Schema 1.9(a)). Eine große Vielfalt an ditopischen Terpyridin-Liganden erlaubt es, nach diesem Prinzip metallosupramolekulare Filme aufzubauen.[78-80] Die Filme besitzen aber einen hohen Kristallisationsgrad und daher auch eine mangelhafte Stabilität. Außerdem bestimmt die Größe der ditopischen Liganden die Dicke der Filme. Aus diesem Grund gelingt es nur Filme von sehr geringer Dicke aufzubauen.

Vielversprechender wäre es, polymere polytopische Liganden für die Filmherstellung zu verwenden (Schema 1.9(b)). Der Aufbau metallosupramolekularer Filme aus Metallionen und polymeren polytopischen Liganden kann viele Vorteile gegenüber den oben vorgestellten Methoden haben. Man benötigt keinen gegengeladenen Polyelektrolyten für den Filmaufbau. Durch Verwendung polymerer polytopischer Liganden gibt es mehr Koordinationsstellen bei der Adsorption der nächsten Metallionen-Schicht. Daher wird auch die Dicke der Filme erhöht und Defekte können ausgeheilt werden.

(a)

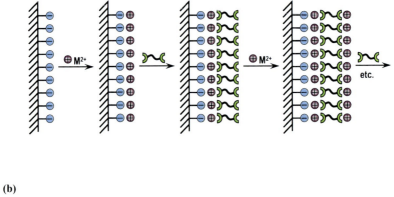

(b)

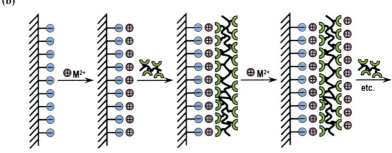

Schema 1.9: *Multischichtaufbau durch koordinative Schicht-für-Schicht-Adsorption. Systeme: Metallionenen/ditopische Liganden (a); Metallionenen/polymere polytopische Liganden (b).*

2. Zielsetzung

Im Rahmen dieser Arbeit sollen in Fortsetzung der Doktorarbeit von A. R. Rabindranath[19] Polyiminoarylene mit Phenylterpyridin-Gruppen in der Polymerseitenkette hergestellt werden. Dort zeigte sich, dass die Polykondensation nach Buchwald und Hartwig geeignet ist, konjugierte Stickstoff-haltige Polymere herzustellen. Aminophenylterpyridin als Aminokomponente sollte mit verschiedenen dibromierten aromatischen Monomeren wie Fluoren, 3,6-Carbazol, 2,7-Carbazol, Phenylen und Diphenylamin zu polymeren polytopischen Liganden gekuppelt werden. Die konjugierte Polymerkette liefert die optische und physikalische Funktionalität, während die Terpyridin-Liganden die Möglichkeit bieten, über die Koordination mit Metallionen die Polymermoleküle auf Trägern zu immobilisieren. Der Einfluss der aromatischen Gruppen in der Hauptkette auf die Eigenschaften des Polymers soll genau untersucht werden. Besonders wichtig sind dabei die photophysikalischen Eigenschaften der Polymere, wie Absorption und Fluoreszenz in Lösung, sowie die Solvatochromie. Ein besonderes Augenmerk soll auf die komplexbildenden Eigenschaften der Polymere gelegt werden, da diese eine Voraussetzung für den Multischichtaufbau durch koordinative supramolekulare Organisation sind.

Ein weiteres Ziel war die Herstellung neuer Koordinationspolymerfilme aus unterschiedlichen polytopischen Liganden und divalenten Übergangsmetallionen wie Zn^{2+}, Co^{2+}, Ni^{2+}, Fe^{2+} und Cu^{2+} durch alternierende Schicht-für-Schicht-Adsorption. Eine Untersuchung verschiedener Einflüsse wie z.B. Art des Lösungsmittels, Konzentration der Tauchlösungen und Tauchzeit auf die Herstellung, Funktionalität und Morphologie der Filme soll ein besseres Verständnis dieser neuen supramolekularen Aggregate und ihrer Eigenschaften gewähren. Durch Kombination geeigneter polytopischer Liganden und Metallionen sollen photo- und elektroaktive Eigenschaften (Ionochromie, Elektrochromie, Lumineszenz) erzeugt werden, sodass die Filme als elektrochrome oder elektrolumineszierende Bauteile oder metallspezifische Sensoren verwendbar sind. Die Komplexierung zwischen Metallionen und Polymerliganden soll auch genutzt werden, um die entstehenden, positiv geladenen Koordinationspolymernetzwerke mit funktionellen Gegenionen zu versehen. Elektroaktive Eigenschaften sollen durch den Einbau funktioneller Gegenionen modifiziert und verbessert werden.

Zielsetzung

Ferner sollen mögliche Farbeffekte der Polymere sowie der Koordinationspolymerfilme durch Protonierung oder Oxidation bei einer Behandlung mit Säuren untersucht werden.

Darüber hinaus soll in dieser Arbeit gezeigt werden, ob eine Verwendung der Koordinationspolymerfilme als Ionenaustauscher in Frage kommt. Da sich durch die starke koordinative Vernetzung relativ kleine Maschen bilden, ist ein größenselektiver Ionenaustausch möglich. Es soll untersucht werden, ob sich die in den Filmen eingebauten Metallionen gegen andere Metallion austauschen lassen.

3. Ergebnisse und Diskussion

3.1. Synthese von Polytopischen Liganden

Im Laufe dieser Arbeit wurden konjugierte Polymere hergestellt, die Ligandengruppen als Substituenten in der Seitenkette enthalten. Die konjugierte Polymerkette liefert die optische und elektronische Funktionalität. Die Liganden bieten die Möglichkeit, über die Koordination mit Metallionen die Polymermoleküle auf Trägern zu immobilisieren. Sie sind über einen Phenylring zur Hauptkette konjugiert. Dies kann zu Fluoreszenzlöschung und zu interessanten ionochromen Eigenschaften führen.

Mit Hilfe der in Abb. 3.1 dargestellten Polykondensation nach Buchwald und Hartwig (siehe Kapitel 1.) wurde eine Anzahl von Polymeren mit polytopischen Liganden hergestellt. Als Metallionen-Rezeptor diente der 2,2′:6,2′′-Terpyridin (TPY)-Ligand. Die aromatischen Gruppen in der Hauptkette wurden variiert. Es wurden Fluoren, 3,6-Carbazol, 2,7-Carbazol, Phenylen und Diphenylamin eingebaut. Die Aromaten-Alkylgruppen oder die *t*-Butyl-carbamat(Boc)-Gruppe tragen zur Erhöhung der Löslichkeit der Polymere bei. Letztere kann abgespalten werden und somit die Stabilität der Filme erhöhen.

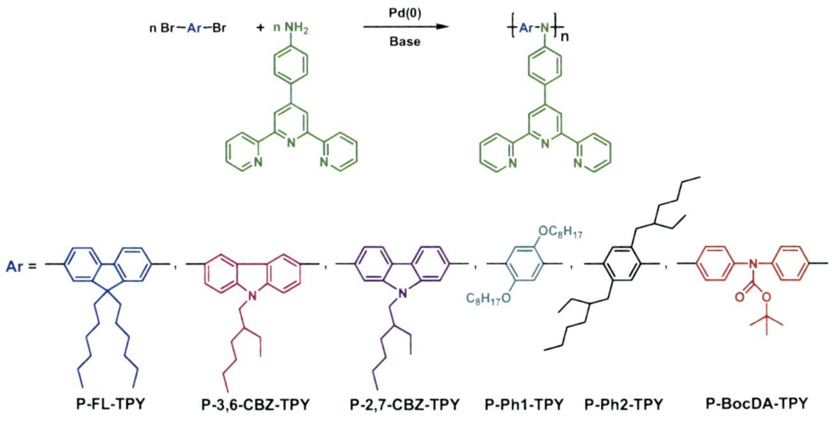

Abb. 3.1: *Herstellung der Polyiminoarylene mit Terpyridin-Liganden durch Pd-katalysierte Kupplungsreaktionen.*

Ergebnisse und Diskussion

Genauere Angaben zu den einzelnen Synthesen und zur Charakterisierung mittels ^{1}H-NMR-Spektroskopie finden sich in Kapitel 4.4.

Die Polymere lösen sich gut in Toluol, Xylol, Chloroform, Dichlormethan, THF und bilden dabei stark fluoreszierende Lösungen. Die mittels MALDI-TOF-Spektrometrie ermittelten Molekulargewichte der hergestellten Polymere deuten auf oligomere Produkte. Das höchste Molekulargewicht von 3932 g/mol wurde bei P-FL-TPY erreicht.[19] Dies entspricht einer Zahl von Wiederholungseinheiten n = 6. Die Molekulargewichte von P-3,6-CBZ-TPY (2997 g/mol), P-2,7-CBZ-TPY (2398 g/mol) und P-BocDA-TPY (2358 g/mol) entsprechen einer Zahl von Wiederholungseinheiten n = 4 bis 5. Ganz niedrig liegt das M_w-Wert von P-Ph1-TPY (1967 g/mol, n = 2). Die Genauigkeit der MALDI-TOF-Messtechnik erlaubt es nachzuweisen, dass kein Brom in den Systemen mehr vorhanden ist.

3.2. Optische Eigenschaften der Polymere

Die optischen Eigenschaften der Polymere wurden mittels UV/Vis- und Fluoreszenzspektroskopie untersucht.

3.2.1. P-FL-TPY

Normierte Absorptions- und Fluoreszenzspektren von P-FL-TPY in Toluol, THF und Dichlormethan sind in Abb. 3.2 dargestellt.

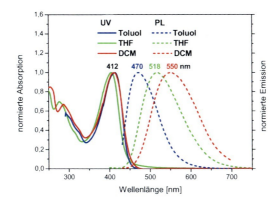

Abb. 3.2: UV/Vis- und Fluoreszenzspektren von P-FL-TPY in Toluol, THF und Dichlormethan ($\lambda_{ex} = 410$ nm).

Das Absorptionsspektrum in THF weist drei charakteristische Banden bei 250, 280 und 400 nm auf. Die Absorption von P-FL-TPY wird nicht wesentlich vom Lösungsmittel beeinflusst. Sowohl die längstwelligen als auch die anderen Banden liegen im gleichen Wellenlängenbereich. Die Fluoreszenz ist dagegen stark lösungsmittelabhängig. Es wird eine bathochrome Verschiebung der Fluoreszenz beim Übergang von unpolaren zu polaren Lösungsmitteln beobachtet. Die Emissionsmaxima liegen bei 470 nm in Toluol (blaue Fluoreszenz), bei 518 nm in THF (grüne Fluoreszenz) und bei 550 nm in Dichlormethan (gelbe Fluoreszenz) (Abb. 3.3). Die Fluoreszenzquantenausbeute ist ebenfalls lösungsmittelabhängig, eine Zunahme der Fluoreszenzquantenausbeute mit abnehmender Polarität des Lösungsmittels ist festzustellen. So beträgt die Fluoreszenzquantenausbeute 0,55 in Toluol, 0,43 in THF und 0,32 in DCM.

Ergebnisse und Diskussion

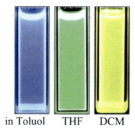

in Toluol   THF   DCM

Abb. 3.3: *Fluoreszierende Lösungen des P-FL-TPY in Toluol, THF und DCM.*

3.2.2. P-3,6-CBZ-TPY

In Abb. 3.4 sind normierte Absorptions- und Fluoreszenzspektren von P-3,6-CBZ-TPY in Toluol, THF und Dichlormethan dargestellt. Die Absorptionsbanden liegen bei 280 und 370 nm und sind in allen verwendeten Lösungsmitteln nahezu gleich.

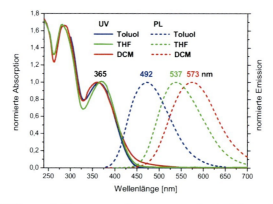

Abb. 3.4: *UV/Vis- und Fluoreszenzspektren von P-3,6-CBZ-TPY in Toluol, THF und Dichlormethan (λ_{ex} = 365 nm).*

Für die Fluoreszenz und die Fluoreszenzquantenausbeute wird eine starke Abhängigkeit vom Lösungsmittel beobachtet. So liegen die Emissionsmaxima bei 492 nm in Toluol, bei 537 nm in THF und bei 573 nm in Dichlormethan. Je nach Lösungsmittel fluoresziert das Polymer blau (in Toluol), zitronengrün (in THF) und gelb (in DCM) (Abb. 3.5). Die Fluoreszenzquantenausbeute beträgt 0,63 in Toluol, 0,34 in THF und 0,12 in DCM.

Ergebnisse und Diskussion

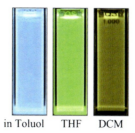

in Toluol   THF   DCM

Abb. 3.5:   *Fluoreszierende Lösungen des P-3,6-CBZ-TPY in Toluol, THF und DCM.*

3.2.3. P-2,7-CBZ-TPY

Die in Abb. 3.6 dargestellten UV/Vis- und Fluoreszenzspektren des P-2,7-CBZ-TPY weisen keine Abhängigkeit der Absorption vom Lösungsmittel und nur eine geringfügige Solvatochromie der Fluoreszenz auf.

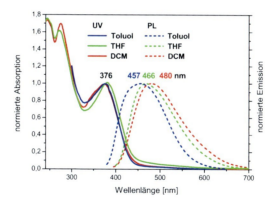

Abb. 3.6:   *UV/Vis- und Fluoreszenzspektren von P-2,7-CBZ-TPY in Toluol, THF und Dichlormethan (λ_{ex} = 375 nm).*

Die Fluoreszenzmaxima liegen bei 457 nm in Toluol, bei 466 nm in THF und bei 480 nm in DCM. In allen verwendeten Lösungsmitteln wird eine blaue Fluoreszenz des Polymeren beobachtet (Abb. 3.7). Die Fluoreszenzquantenausbeute ist dagegen stark vom Lösungsmittel abhängig und ist am stärksten in Toluol mit 0,68. In THF und DCM beträgt sie 0,48 bzw. 0,33.

Ergebnisse und Diskussion

in Toluol   THF   DCM

Abb. 3.7: *Fluoreszierende Lösungen des P-2,7-CBZ-TPY in Toluol, THF und DCM.*

3.2.4. P-BocDA-TPY

Wie Abb. 3.8 zeigt, sind die Absorptionsmaxima des P-BocDA-TPY ziemlich unabhängig vom Lösungsmittel. Das UV/Vis-Spektrum in THF weist drei Banden bei 250, 290 und 370 nm auf.

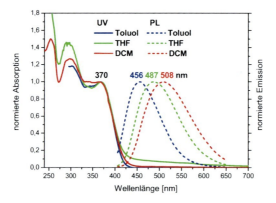

Abb. 3.8: *UV/Vis- und Fluoreszenzspektren von P-BocDA-TPY in Toluol, THF und Dichlormethan (λ_{ex} = 370 nm).*

Die Fluoreszenzspektren zeigen eine positive Solvatochromie beim Übergang von unpolaren zu polaren Lösungsmitteln. Die Emissionsmaxima liegen bei 456 nm in Toluol (blaue Fluoreszenz), bei 487 nm in THF (hellblaue Fluoreszenz) und bei 508 nm in DCM (grüne Fluoreszenz). Die Abb. 3.9 zeigt die Emission des Polymers in Lösungen. Die Fluoreszenzquantenausbeute ist ebenfalls von der Polarität des Lösungsmittels abhängig und beträgt 0,68 in Toluol, 0,55 in THF und 0,40 in DCM.

Ergebnisse und Diskussion

in Toluol   THF   DCM

Abb. 3.9:   *Fluoreszierende Lösungen des P-BocDA-TPY in Toluol, THF und DCM.*

3.2.5. P-Ph1-TPY

Die optischen Eigenschaften des P-Ph1-TPY in THF sind in Abb. 3.10 dargestellt. Das Absorptionsspektrum weist zwei Banden bei 285 und 375 nm auf. Das Emissionsmaximum liegt bei 470 nm.

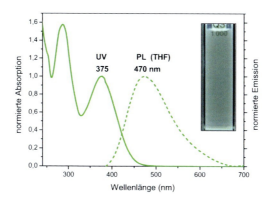

Abb. 3.10:   *UV/Vis- und Fluoreszenzspektrum von P-Ph1-TPY in THF (λ_{ex} = 375 nm).*

3.2.6. P-Ph2-TPY

In Abb. 3.11 ist zu erkennen, dass es auch beim P-Ph2-TPY zu einer Abhängigkeit der Fluoreszenzspektren vom Lösungsmittel kommt. Die Emissionsmaxima liegen bei 399 nm in Toluol und bei 452 nm in THF. Die Absorption wird nicht wesentlich vom Lösungsmittel beeinflusst, die Maxima liegen bei 288 und 326 nm in THF.

Ergebnisse und Diskussion

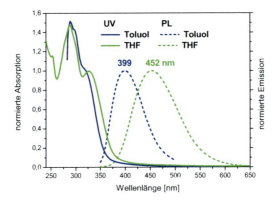

Abb. 3.11: *UV/Vis- und Fluoreszenzspektren von P-Ph2-TPY in Toluol und THF ($\lambda_{ex} = 320$ nm).*

Die fluoreszierenden Lösungen des P-Ph2-TPY zeigt Abb. 3.12. Die Fluoreszenzquantenausbeute wird in diesem Fall nur wenig vom Lösungsmittel beeinflusst und beträgt 0,35 in Toluol und 0,26 in THF.

Abb. 3.12: *Fluoreszierende Lösungen des P-Ph2-TPY in Toluol und THF.*

Wie in diesem Abschnitt gezeigt wurde, wird die Fluoreszenz vom Aromaten in der konjugierten Polymerkette bestimmt. Je nach Aryleneinheit wird eine stark unterschiedliche Fluoreszenz und Fluoreszenzquantenausbeute beobachtet. Auch das Lösungsmittel hat einen starken Einfluss auf die Fluoreszenz. Die Solvatochromie lässt sich so erklären, dass die oben gezeigten Polymere in bestimmten Lösungsmitteln verschieden gut löslich sind. Je polarer das Lösungsmittel, desto schlechter ist die Löslichkeit. Das Polymer neigt zur Aggregation, die gebildeten Komplexe bewirken eine bathochrome Verschiebung der Emission.

3.3. Untersuchung der Komplexierung der Polymere mit Metallionen

3.3.1. P-FL-TPY

Voraussetzung für die Herstellung von Koordinationspolymerfilmen ist die Fähigkeit der Ligandenmoleküle zur Bildung von Metallkomplexen mit hohen Assoziationskonstanten. Die Komplexierung von Metallionen wurde daher zunächst in Lösung des polytopischen Liganden P-FL-TPY untersucht. Eine qualitative Untersuchung der Komplexbildung von P-FL-TPY mit zahlreichen Metallsalzen ist in Tab. 3.1 zusammengestellt. Man erkennt, dass mit zahlreichen zwei- und mehrwertigen Schwermetallionen farbige Komplexe gebildet werden, wobei die Rotverschiebung der Absorption bei einigen Ionen über 200 nm beträgt (Fe^{2+}, Co^{2+}, Cu^{2+}, Pd^{2+}, Eu^{3+}), bei anderen Metallionen unter 100 nm (Zn^{2+}, Ni^{2+}, Fe^{3+}, Zr^{4+}) oder kaum eine Veränderung auftritt (Alkali- und Erdalkalimetallionen). Die Fluoreszenz des Polymeren wird gelöscht, zum Teil auch langwellig verschoben. Die Fluoreszenzlöschung ist außerordentlich empfindlich und erlaubt es, Metallionen im ppb-Konzentrationsbereich nachzuweisen.

Tab. 3.1: *Absorption und Emission von P-FL-TPY-Metallkomplexen.*

	P-FL-TPY	
	Absorption [nm]	**Emission [nm]**
ionenfrei	250, 280, 400	510
Fe^{2+}	280, 330, 390, 465, 580	q
Co^{2+}	330, 375, 460, 630 (sh.)	q
Ni^{2+}	280, 330, 395, 440	q
Cu^{2+}	340, 375, 470, 670	q
Zn^{2+}	280, 340, 390, 450	625 (w) **
Pd^{2+}	310 (sh.), 365 (sh.), 540	q
Cd^{2+}	280, 335, 380, 460	640 (w) **
Mg^{2+}	280, 400, 475 (sh.)	520 (m)
Ca^{2+}	250, 280, 400, 475 (sh.)	520 (m)
Ba^{2+}	275, 400, 480 (sh.)	527 (m)
Fe^{3+}	280, 330 (sh.), 365, 460	q
La^{3+}	280, 400, 475 (sh.)	525 (m)
Ce^{3+}	270 (sh.), 315 (sh.), 400, 480 (sh.)	515
Eu^{3+}	335, 380, 460, 600 (sh.)	630 (w) **
Gd^{3+}	280, 335, 400, 455 (sh.)	q
Li^{+}	245 (sh.), 280, 400, 480 (sh.)	520
Na^{+}	280, 400, 470 (sh.)	540 (w)
Cs^{+}	280, 400, 470 (sh.)	535 (m)
Zr^{4+}	290, 340, 385, 475	q

* *Lösungsmittel: THF/Methanol (25:1 v/v); Anregung bei 400 nm; q: gelöscht; w: schwach; m: mittelstark.* ** *Anregung bei 450 nm*

Mit Hilfe einer UV/Vis- und Fluoreszenztitration mit Zinkacetat, die A. R. Rabindranath in seiner Dissertation beschreibt,[19] wurde die Komplexbildung mit P-FL-TPY quantitativ verfolgt. Abb. 3.13 zeigt die Änderung der Absorption der Polymerlösung bei Zugabe von Zinkacetat. Erkennbar ist der Rückgang der Absorptionsmaxima, die π-π*-Übergängen des Polymers zugeordnet werden können. Die Maxima bei 250 und 280 nm werden dem Aminophenylterpyridin zugeordnet. Sie gehen leicht zurück durch die Verarmung des π-Elektronensystems, die durch den elektronenziehenden Effekt des komplexierten Zinkions ausgelöst wird. Das Maximum bei 400 nm entsteht durch die Absorption der Polymerhauptkette. Durch die Komplexierung wird das freie Elektronenpaar des Stickstoffs, über das zuvor die Konjugation der Polymerhauptkette erfolgte, in die Konjugation mit der Terpyridingruppe gebracht, wodurch das vorher über mehrere Monomereinheiten verbundene π-Elektronensystem unterbrochen wird. Es werden dabei zwei neue Maxima bei 340 und 450 nm gebildet. Der Farbumschlag von gelb nach rot, der in Abb. 3.15a gezeigt wird, kann auf diesen intramolekularen Ladungstransfer vom N-Atom in der Hauptkette auf die Terpyridingruppe zurückgeführt werden, dessen Stärke mit der Art des komplexierten Metallions variiert.

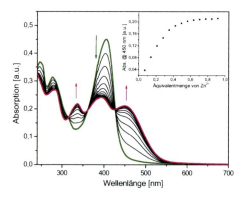

Abb. 3.13: UV/Vis-Absorptionsspektren von P-FL-TPY ($c = 1,07 \cdot 10^{-5}$ monomol/l) in THF/Methanol (25:1 v/v) vor und nach Zugabe zunehmender Mengen an Zinkacetat ($c = 1,13 \cdot 10^{-3}$ M). Der Einsatz zeigt die Absorption als Funktion der Äquivalentmenge von $Zn(OAc)_2$.[19]

Abb. 3.14 zeigt die Abnahme der Fluoreszenz des nichtkomplexierten Polymers. Gleichzeitig tritt eine rotverschobene Fluoreszenz des komplexierten Polymers auf, die allerdings schwach ist und nur bei Verschiebung der Anregungswellenlänge ins Absorptionsmaximum des Komplexes erkennbar wird. Die Veränderung der Fluoreszenz ist anhand der Fotos in Abb. 3.15b dargestellt.

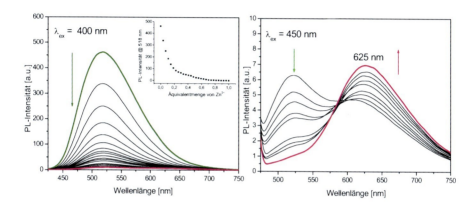

Abb. 3.14: *Fluoreszenzspektren von P-FL-TPY (c = 4·10^{-7} monomol/l) in THF/Methanol (25:1 v/v) vor und nach Zugabe zunehmender Mengen an Zinkacetat (c = 2·10^{-5} M). Links: Anregung bei 400 nm, rechts: Anregung bei 450 nm. Der Einsatz zeigt die Fluoreszenz als Funktion der Äquivalentmenge von Zn(OAc)$_2$.*[19]

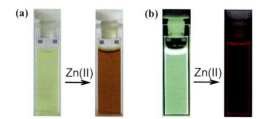

Abb. 3.15: *Veränderung der Absorption (a) und der Fluoreszenz (b) von P-FL-TPY nach Zugabe von Zn(OAc)$_2$.*

Ergebnisse und Diskussion

Sowohl die farbliche Änderung der Absorption als auch die Löschung der Fluoreszenz sind nach Zugabe des einfachen Äquivalents an Metallsalz (bezogen auf TPY-Einheiten) abgeschlossen. Bei Zugabe der 0,5-fachen Äquivalentmenge an Metallsalz entsteht der bis-Komplex nach Abb. 3.16 unter koordinativer Vernetzung des Polymers. Die weitere Zugabe von Zn(OAc)$_2$ führt schließlich zur Bildung des mono-Komplexes.

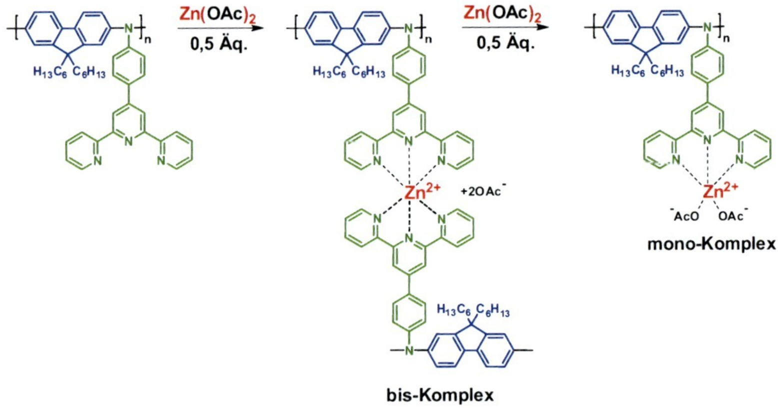

Abb. 3.16:   *Komplexbildung von P-FL-TPY unter Zugabe von Zn(OAc)$_2$.*

3.3.2. P-Ph1-TPY

Mit Hilfe einer UV/Vis-Titration mit Zinkacetat wurde auch die Komplexbildung mit P-Ph1-TPY quantitativ verfolgt. Abb. 3.17 zeigt die Veränderung der Absorptionsspektren der Polymerlösung bei Zugabe von Zinkacetat. Das dem Aminophenylterpyridin zugeordnete Maximum bei 286 nm nimmt durch den elektronenziehenden Effekt des komplexierten Zinkions ab. Die Absorption der Polymerkette mit Maximum bei 374 nm bildet sich komplett zurück, da ein intramolekularer Ladungstransfer zwischen dem N-Atom in der Hauptkette und der Terpyridingruppe entsteht. Es werden dabei zwei neue Maxima bei 320 und 417 nm gebildet. Die Farbänderung der Polymerlösung von hellgelb nach dunkelorange wird im Laufe der Titration beobachtet.

Ergebnisse und Diskussion

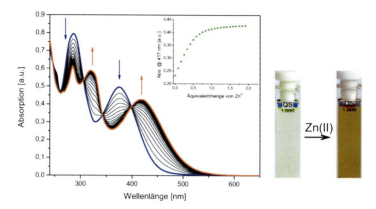

Abb. 3.17: UV/Vis-Absorptionsspektren von P-Ph1-TPY (c = 1,02·10^{-5} monomol/l) in THF/Methanol (25:1 v/v) vor und nach Zugabe zunehmender Mengen an Zinkacetat (c = 5,1·10^{-4} M). Der Einsatz zeigt die Absorption als Funktion der Äquivalentmenge von Zn(OAc)$_2$. Die Fotos zeigen die Farbänderung der Polymerlösung nach Zugabe von Zn(OAc)$_2$.

Die Titration des P-Ph1-TPY ist nach Zugabe der zweifachen Äquivalentmenge an Zn(OAc)$_2$ (bezogen auf TPY-Einheiten) abgeschlossen. Eine Komplexbildung nach Abb. 3.18 lässt sich vermuten. Nach Zugabe eines Äquivalents Zinkacetat werden bis- und mono-Komplexe gebildet, wie es schon für P-FL-TPY in Abb. 3.16 gezeigt wurde. Da P-Ph1-TPY Oxyoctylgruppen in den Seitenketten trägt, können die O-Atome in den Seitenketten und die N-Atome in der Polymerkette in die Komplexierung mit den Zn-Ionen einbezogen werden.

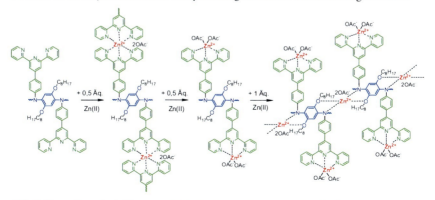

Abb. 3.18: Komplexbildung von P-Ph1-TPY unter Zugabe von Zn(OAc)$_2$.

3.3.3. P-Ph2-TPY

Zum Vergleich wurde auch eine UV/Vis-Titration des P-Ph2-TPY mit Zinkacetat durchgeführt. Es wird ein ähnliches Verhalten des Polymers (Abb. 3.19) wie bei P-FL-TPY und P-Ph1-TPY beobachtet. Die Intensität der Maxima bei 292 und 330 nm wird reduziert und sie werden hypsochrom nach 288 und 324 nm verschoben. Es bildet sich ein neues Maximum bei 375 nm, was die Bildung der Terpyridin-Komplexe mit Zinkionen nachweist. Die Polymerlösung wechselt die Farbe von beige nach gelborange.

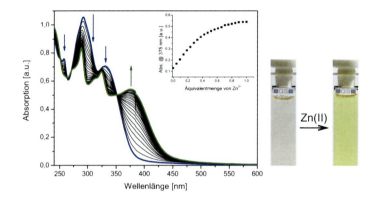

Abb. 3.19: UV/Vis-Absorptionsspektren von P-Ph2-TPY ($c = 2{,}56 \cdot 10^{-5}$ monomol/l) in THF/Methanol (25:1 v/v) vor und nach Zugabe zunehmender Mengen an Zinkacetat ($c = 6{,}4 \cdot 10^{-5}$ M). Der Einsatz zeigt die Absorption als Funktion der Äquivalentmenge von $Zn(OAc)_2$. Die Fotos zeigen die Farbänderung der Polymerlösung nach Zugabe von $Zn(OAc)_2$.

Die farbliche Änderung der Absorption ist in diesem Fall nach Zugabe des einfachen Äquivalents an Metallsalz (bezogen auf TPY-Einheiten) abgeschlossen. Das deutet auf die Bildung des bis-Komplexes und schließlich des mono-Komplexes nach Abb. 3.16 hin.

3.4. Herstellung und Charakterisierung ultradünner Filme

Für die Adsorptionsexperimente wurden Salze von divalenten Metallionen wie Zink, Kobalt und Nickel ausgewählt. Zink(II)-Verbindungen haben eine d^{10}-Elektronenkonfiguration und bilden dabei bevorzugt tetraedrische Komplexe der Koordinationszahl vier aus. Nickel(II)-Ionen neigen bedingt durch die d^8-Elektronenkonfiguration zur Bildung der quadratisch-planaren, tetraedrischen und oktaedrischen Komplexe mit vier oder sechs Koordinationsstellen. Kobalt(II)-Ionen bilden durch ihre d^7-Elektronenkonfiguration je nach Stärke der Ligandenfeldaufspaltung vier- oder sechsfach koordinierte Komplexe. Für starke oder chelatisierende Liganden bilden sich verzerrte, oktaedrische Komplexe.

Die Koordinationspolymerfilme wurden durch alternierendes Tauchen von Trägern in eine Polymerlösung und eine Metallacetatlösung, die zusätzlich Kaliumhexafluorophosphat enthielt, hergestellt. Die Zugabe von KPF_6 in die Lösungen der Metallionen sorgt für eine Verringerung der Löslichkeit der gebildeten Polymerkomplexe und bedingt die Adsorption auf Trägern. Dies führt zu einem besseren Schichtaufbau über koordinativen Wechselwirkungen. Der Multischichtaufbau wurde auf Quarzträgern untersucht, die zunächst silanisiert und entsprechend vorbeschichtet wurden (siehe hierzu Kapitel 4.3.). Als letzter Schritt der Vorbeschichtung wurde PSS adsorbiert, so dass die Träger eine negativ geladene Oberfläche hatten. Die durch die Vorbeschichtung gleichmäßige Ladungsverteilung an der Trägeroberfläche ermöglichte eine homogene Adsorption der Metallkationen im Schritt (a) des Schemas 3.1. Der Träger wurde nach zwei Waschschritten (b) und (c) in eine Polymerlösung (Schritt (d)) übertragen. Das Polymer lagert sich durch die ionische Komplexbindung an die Metallionen an. Nach der Adsorption des Polymeren wird das Substrat ebenso zweimal mit Lösungsmittel gewaschen (Schritte (e) und (f)). Die mehrfache Wiederholung der Schritte (a) bis (f) führt zum Aufbau von Multischichtsystemen.

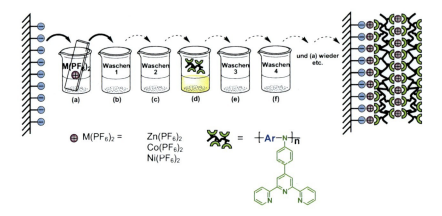

Schema 3.1: *Supramolekulare Schicht-für-Schicht-Adsorption von ultradünnen Koordinationspolymerfilmen durch alternierende Adsorption von Metallionen und polytopischen Ligandenmolekülen über rein koordinative Wechselwirkungen (kleine Gegenionen sind weggelassen).*

3.4.1. P-FL-TPY

Zunächst wurde versucht, durch Schicht-für-Schicht-Adsorption von P-FL-TPY und verschiedenen Metallsalzen (Zink-, Kobalt- und Nickelacetat) in Lösung auf Trägern Filme herzustellen. Die Filmherstellung war erfolgreich, wenn als Lösungsmittel für die Salze eine Mischung aus THF/DMF (9:1 v/v) verwendet wurde und die Tauchlösung zusätzlich Kaliumhexafluorophosphat enthielt. Das Polymer wurde aus reinem THF adsorbiert. In Abb. 3.20 sind UV/Vis-Spektren von Filmen aus P-FL-TPY und verschiedenen Metallionen, gemessen nach unterschiedlicher Anzahl von Tauchzyklen, zusammengestellt. Die Spektren ähneln jenen der Polymer-Metallionen-Komplexe in Lösung (siehe Kapitel 3.3.1.) und beweisen daher die Komplexbildung im Film. Die mit Zinkionen adsorbierten Filme zeigen Absorptionsmaxima bei 292, 335, 385 und 450 nm, die Farbe des Films ist gelb. Filme mit Kobalt weisen Maxima bei 295, 361 und 500 nm auf und sind lila gefärbt. Mit Nickel hergestellte Filme sind gelb und absorbieren bei 280, 330, 380 und 450 nm. Koordinationspolymerfilme, die je nach Art der Metallionen unterschiedlich gefärbt sind, deuten auf eine Ionochromie des Polymers hin. Die Zunahme der optischen Absorption mit der Zahl der Tauchzyklen ist ziemlich linear. Dies lässt auf die Adsorption gleicher Mengen in jedem Tauchzyklus schließen. Die mithilfe der Profilometrie ermittelten Filmdicken nach 12 Tauchzyklen liegen für einen Film des Zinkkomplexes von P-FL-TPY bei 46,7 nm, für einen Film mit Kobalt bei 12,8 nm und für einen mit Nickel adsorbierten Film bei 11,6 nm. Die unterschiedlichen Dicken der Filme nach derselben Tauchzyklenzahl kann man auf die Assoziationskonstanten der Komplexe und die Löslichkeit der Metallion-TPY-Komplexe im während der Filmherstellung verwendeten Lösungsmittel zurückführen.

Eine Elementaranalyse der auf ITO-Glas hergestellten Filme mit Zink wurde mithilfe der energiedispersiven Röntgenspektroskopie (EDX) durchgeführt. Ein EDX-Spektrum (Abb. 3.21) zeigt die Signale bei 1,0, 8,63 und 9,58 keV, die von Zink stammen. Das Signal bei 0,68 keV stammt von Fluor. Die Fluor-Signale sind auf die Anwesenheit der Hexafluorophosphat-Anionen im Film zurückzuführen. Im EDX-Spektrum findet man auch die Signale von Kohlenstoff bei 0,28 keV und von Stickstoff bei 0,38 keV, die dem Polymeren zuzuordnen sind. Außerdem findet man im Spektrum Signale von Zinn, Indium, Silizium und Sauerstoff, da als leitendes Substrat ein mit Indiumzinnoxid beschichtetes Glas verwendet wurde.

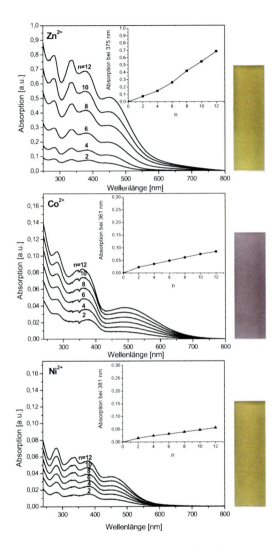

Abb. 3.20: *UV/Vis-Absorptionsspektren und Fotos von Koordinationspolymerfilmen aus P-FL-TPY und Zn^{2+} (oben), Co^{2+} (Mitte) und Ni^{2+} (unten), gemessen nach unterschiedlicher Anzahl n von Tauchzyklen. Die Einsätze zeigen die Zunahme der maximalen Absorption mit n.*

Ergebnisse und Diskussion

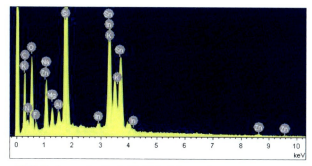

Abb. 3.21: EDX-Spektrum des Zn-P-FL-TPY-Films auf ITO-Glas nach 12 Tauchzyklen.

Die Filme besitzen eine recht einheitliche Oberflächenstruktur. Die REM- und AFM-Aufnahmen in Abb. 3.22 zeigen einen homogenen Film mit einzelnen größeren Aggregaten auf der Oberfläche.

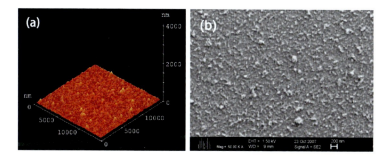

Abb. 3.22: AFM- (a) und REM-Aufnahmen (b) des Zn-P-FL-TPY-Films nach 12 Tauchzyklen.

In einer Reihe von Experimenten wurden auch die Bedingungen für eine Filmherstellung mit Kupfer- und Eisenmetallionen untersucht. Geeignete Konzentrationen für die Metallsalze und das Polymer in Lösung waren $5 \cdot 10^{-3}$ mol·l^{-1} bzw. $5 \cdot 10^{-4}$ monomol·l^{-1}. Wichtig für die Filmherstellung war die Zusammensetzung der Lösungsmittelgemische. Als Tauchlösung für Fe(PF$_6$)$_2$ diente eine Mischung aus DMF/MeOH/THF/n-Hexan (2:3:3:2 v/v), gewaschen wurde mit DMF/THF/n-Hexan (0,1:1:1 v/v). Für die Cu(PF$_6$)$_2$-Lösung wurde eine Mischung aus DMF/MeOH/THF/n-Hexan (1:1:5:3 v/v) verwendet, die Waschlösung bestand wieder aus

DMF/THF/n-Hexan (0,1:1:1 v/v). Das Polymer wurde aus THF/n-Hexan (1:1 v/v) adsorbiert. Abb. 3.23 zeigt UV/Vis-Spektren der Filme aus P-FL-TPY und Cu^{2+}- und Fe^{2+}-Metallionen. Die mit Kupferionen adsorbierten Filme zeigen Absorptionsmaxima bei 297, 357 und 496 nm, wobei die Farbe des Films braunrot ist. Filme mit Eisen weisen Maxima bei 295, 337 und 589 nm sowie zwei Schultern bei 378 und 460 nm auf. Die Absorption im langwelligen Bereich zwischen 700 und 900 nm wird erhöht. Die Farbe der Filme ist bräunlichgrün.

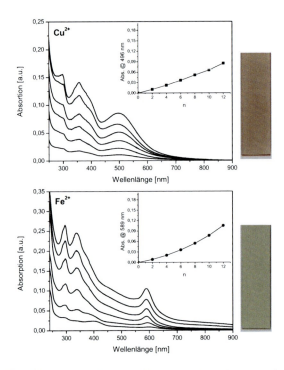

Abb. 3.23: UV/Vis-Absorptionsspektren und Fotos von Koordinationspolymerfilmen aus P-FL-TPY und Cu^{2+} bzw. Fe^{2+}. Die Einsätze zeigen die Zunahme der maximalen Absorption mit n.

Ergebnisse und Diskussion

3.4.2. Optimierung der Filmherstellung mit P-FL-TPY

In einer Reihe von Experimenten wurde die Filmherstellung mit P-FL-TPY optimiert. Um dies zu erreichen, wurden die wichtigsten Parameter variiert: Tauchzeit, Konzentration der Tauchlösungen, Art der Lösungsmittel, Zusammensetzung der Lösungsmittelgemische für die Tauchlösungen und die Reinigung der Substrate. Die Versuche wurden für den Zinkkomplex von P-FL-TPY als Standardsystem durchgeführt. Jeder der Filme wurde zwölfmal getaucht. Als Maß für die Menge an adsorbiertem Koordinationspolymer wurde die Absorption der Filme bei 375 nm ausgewertet.

Die in Tab. 3.2 aufgelisteten Daten zeigen, dass die Absorption stark abnimmt, wenn die Tauchzeit verkürzt wird. Bei einer Tauchzeit von 10 min ist die Absorption 0,69 und bei 1 min 0,06. Zunehmende Konzentrationen an Zinksalz und Polymer in den Tauchlösungen haben nur einen geringen Einfluss, wenn die Tauchzeit eine Minute beträgt. Eine Reihe von Experimenten mit Variation der Waschzeiten der Substrate nach jedem Adsorptionschritt wurde ebenfalls durchgeführt. Um nicht adsorbiertes Material (Polymer und Metallsalz) zu entfernen wird der Träger mit reinem Lösungsmittel abgespült, die Zeit zum Waschen beträgt normalerweise 30 s. Für die Probe 4 (Tab. 3.2) wurde die Waschzeit in THF:DMF und purem THF bis 10 min verlängert. Die Ergebnisse zeigten, dass sich nach 12 Tauchzyklen die endgültige Absorption nur um 2 % und die Filmdicke nur um 5% änderten. Dies weist darauf hin, dass es nicht nötig ist, verlängerte Waschzeiten zu verwenden. Viel wichtiger sind die verwendeten Lösemittelgemische sowie ihre Zusammensetzungen. Bei einer Tauchzeit von 1 min steigert eine THF/Methanol/n-Hexan-Mischung (1:1:2 v/v) die Filmabsorption auf 0,74 (Probe 8), bei THF bzw. THF/DMF (9:1 v/v) war die Absorption nur 0,12. Noch stärker war die Veränderung, wenn das Mischungsverhältnis THF/Methanol/n-Hexan (1,5:0,5:2 v/v) war (Probe 9). Filme, die aus Tauchlösungen dieser Mischung hergestellt wurden, zeigten eine Absorption von 0,90, die Tauchzeit betrug lediglich 5 s.

Auch mit Wasser bzw. Toluol als Lösungsmittel wurden Versuche unternommen. Die Ergebnisse zeigt Tab. 3.2 (Proben 11-14). Die Probe 11 zum Beispiel wurde zunächst in die wässrige Metallsalzlösung getaucht, dann mit Wasser gewaschen und mit Stickstoff getrocknet, bevor sie in die Polymerlösung in Toluol getaucht wurde. Der Träger wurde mit reinem Toluol gewaschen und anschließend wieder mit Stickstoff getrocknet. Die Tauchzeit betrug 10 min, das Absorptionsmaximum erreichte nach zwölf Tauchzyklen nur 0,096, der Film war 7,6 nm dick. Die Zugabe von n-Hexan zur Tauchlösung des Polymers und zu den

Ergebnisse und Diskussion

Waschlösungen (Probe 12) ermöglicht es, etwas dickere Filme von 10,7 nm aufzubauen, die Absorption erhöht sich auf 0,189. Die aus Wasser bzw. Toluol als Lösungsmittel hergestellten Filme weisen eine sehr homogene, feine Oberfläche auf. Verwendet man Toluol/DMF (9:1 v/v) anstatt Wasser, kann man auf den Trocknungsschritt verzichten, die Absorption erreicht dann 0,369 und die Filmdicke 55,7 nm (Probe 13). Durch Zugabe von n-Hexan in die toluolhaltigen Lösungen erhöht sich die Absorption nach 12 Tauchzyklen bis 0,656 und die Filmdicke bis 228 nm (Probe 14). Die unterschiedliche Absorption geht mit verschiedenen Filmmorphologien einher. In Abb. 3.24a und 3.24b sind die UV/Vis-Spektren der Proben 4 und 8-14 (aus Tab. 3.2) zusammen mit AFM-, REM-Bildern und Filmdicken gezeigt. Man erkennt, dass sehr hohe Filmdicken von über 100 nm immer auch mit sehr inhomogenen Strukturen verbunden sind, während andererseits auch homogene Filme erzeugt werden können (z.B. Proben 8 und 9).

Tab. 3.2: *Einflüsse der Herstellungsbedingungen auf Absorption und Dicke von Zn-P-FL-TPY-Filmen. (Bezeichnung der Einzelschritte (a)-(f) siehe Schema 1 am Anfang des Kapitels).*

Probe Nr.	(a) $Zn(PF_6)_2$ [M]	(a) LM	(b) LM für Waschen 1	(c) LM für Waschen 2	(d) P-FL-TPY [monoM]	(d) LM	(e) LM für Waschen 3	(f) LM für Waschen 4	t [s]	Abs. @ 375 nm [a.u.]	Film-dicke [nm]
1	0,005	THF:DMF (9:1)	THF:DMF (9:1)	THF	0,0005	THF	THF	THF:DMF (9:1)	5	0,045	4,5
2	0,005	THF:DMF (9:1)	THF:DMF (9:1)	THF	0,0005	THF	THF	THF:DMF (9:1)	30	0,056	8,7
3	0,005	THF:DMF (9:1)	THF:DMF (9:1)	THF	0,0005	THF	THF	THF:DMF (9:1)	60	0,064	15,0
4	0,005	THF:DMF (9:1)	THF:DMF (9:1)	THF	0,0005	THF	THF	THF:DMF (9:1)	600	0,690	46,7
5	0,005	THF:DMF (9:1)	THF:DMF (9:1)	THF	0,0010	THF	THF	THF:DMF (9:1)	60	0,087	17,3
6	0,005	THF:DMF (9:1)	THF:DMF (9:1)	THF	0,0025	THF	THF	THF:DMF (9:1)	60	0,098	19,9
7	0,050	THF:DMF (9:1)	THF:DMF (9:1)	THF	0,0010	THF	THF	THF:DMF (9:1)	60	0,120	21,8
8	0,050	THF:DMF: MeOH:n-Hexan (1:0.01:0.5:1)	THF:MeOH:n-Hexan (1:1:2)		0,0050	THF: n-Hexan (1:1)	THF:MeOH:n-Hexan (1:1:2)		60	0,740	72,4
9	0,050	THF:DMF: MeOH:n-Hexan (1:0.01:0.5:1)	THF:MeOH:n-Hexan (1.5:0.5:2)		0,0050	THF: n-Hexan (1:1)	THF:MeOH:n-Hexan (1.5:0.5:2)		5	0,900	109,7
10	0,050	THF:DMF: MeOH:n-Hexan (1:0.01:0.5:1)	THF:n-Hexan (1:1)		0,0050	THF: n-Hexan (1:1)	THF:n-Hexan (1:1)		5	1,450	598,0
11	0,005	H_2O	H_2O	Trocknen	0,0005	Toluol	Toluol	Trocknen	600	0,096	7,6
12	0,005	H_2O	H_2O	Trocknen	0,0005	Toluol: n-Hexan (1:1)	Toluol: n-Hexan (1:1)	Trocknen	600	0,189	10,7
13	0,005	Toluol:DMF (9:1)	Toluol:DMF (9:1)	Toluol	0,0005	Toluol	Toluol		600	0,367	55,7
14	0,005	Toluol:DMF: MeOH:n-Hexan (1:0.1:0.9:1)	Toluol:MeOH:n-Hexan (1:0.9:1)		0,0005	Toluol: n-Hexan (1:1)	Toluol:n-Hexan (1:1)		600	0,656	228

Probe 4:
46,7 nm

Probe 8:
72,45 nm

Probe 9:
109,7 nm

Probe 10:
598,4 nm

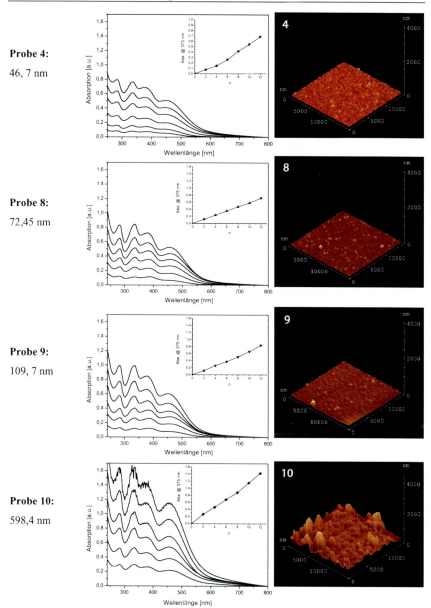

Abb. 3.24a: *UV/Vis-Absorptionsspektren, AFM-Aufnahmen und Angaben der Filmdicke für Zn-P-FL-TPY-Filme, die bei unterschiedlichen Bedingungen hergestellt wurden. Die Probennummern beziehen sich auf Tab. 3.2.*

Ergebnisse und Diskussion

Probe 11:
7,6 nm

Probe 12:
10,7 nm

Probe 13:
55,7 nm

Probe 14:
228 nm

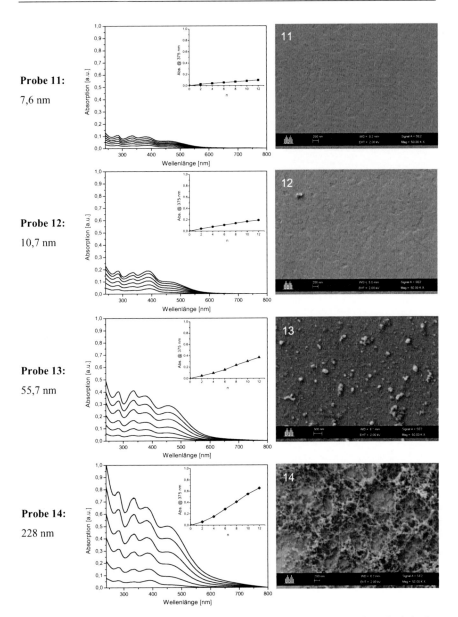

Abb. 3.24b: *UV/Vis-Absorptionsspektren, REM-Aufnahmen und Angaben der Filmdicke für Zn-P-FL-TPY-Filme, die bei unterschiedlichen Bedingungen hergestellt wurden. Die Probennummern beziehen sich auf Tab. 3.2.*

3.4.3. P-3,6-CBZ-TPY

Nach der in Schema 3.1 beschriebenen Methode wurden auch Filme aus P-3,6-CBZ-TPY mit zweiwertigen Zink-, Kobalt- und Nickelionen hergestellt (Abb. 3.25).

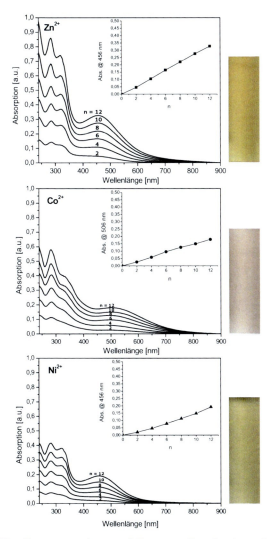

Abb. 3.25: UV/Vis-Absorptionsspektren und Fotos von Koordinationspolymerfilmen aus P-3,6-CBZ-TPY und Zn^{2+}-, Co^{2+}- und Ni^{2+}-Metallionen. Die Einsätze zeigen die Zunahme der maximalen Absorption mit der Tauchzahl n.

Als Tauchlösung für die Salze diente ein Lösungsmittelgemisch THF/DMF/MeOH/n-Hexan (9:0,5:1:10 v/v). Als Lösungsmittel für das Polymer und für die Waschlösungen wurde THF/n-Hexan (1:1 v/v) verwendet. Die Tauchzeiten lagen bei 10 min, die Konzentration des Polymers war $5 \cdot 10^{-4}$ monomolar, die der Metallhexafluorophosphat-Salze $5 \cdot 10^{-3}$ molar. Abb. 3.25 zeigt die UV/Vis-Spektren der Filme nach 2 bis 12 Tauchzyklen. Die Absorption nimmt linear mit der Zahl n der Tauchzyklen zu. Wie die Filme auf Basis des fluorenhaltigen P-FL-TPY sind auch diese Filme ionochrom, d.h. ihre Farbe variiert mit der Art der komplexierten Metallionen. Filme mit Zink sind gelb, mit Kobalt blassrot und mit Nickel blassgelb (Abb. 3.25). In Abb. 3.26 ist ein Querschnitt durch einen Film auf einem ITO-beschichteten Träger gezeigt. Man erkennt den Glasträger (1), die darauf abgeschiedene Indium-Zinnoxid-Schicht (2) einer Dicke von 142,7 nm und die Schicht des Zn-P-3,6-CBZ-TPY-Films einer Dicke von 46,93 nm, die nach 12 Tauchzyklen erhalten wurde. Der Film des Polymer-Zink-Komplexes wirkt sehr homogen. Die Dicke des Films wurde auch mittels Profilometrie untersucht. Es wurde eine Schichtdicke von 48,2 nm gemessen. Die Dicke der entsprechenden Filme mit Kobaltionen erreichte nur 23,1 nm und mit Nickelionen 18,7 nm. Die AFM- und REM-Bilder von Filmen des Polymer-Zink-Komplexes zeigen ebenfalls eine homogene Oberflächenstruktur (Abb. 3.27).

Abb. 3.26: *REM-Aufnahme eines Querschnittes durch ein mit Zn-P-3,6-CBZ-TPY beschichtetes ITO-Substrat (1: Glas; 2: Indiumzinnoxid-Beschichtung; 3: Koordinationspolymerfilm).*

Ergebnisse und Diskussion

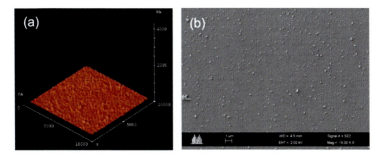

Abb. 3.27: Morphologie der Oberfläche von Filmen aus P-3,6-CBZ-TPY und $Zn(PF_6)_2$; (a) AFM- und (b) REM-Aufnahmen.

3.4.4. P-2,7-CBZ-TPY

Auch mit dem zu P-3,6-CBZ-TPY isomeren P-2,7-CBZ-TPY gelang die Herstellung von Koordinationspolymerfilmen mit Zink-, Kobalt- und Nickelionen (Abb. 3.28). Als Tauch- und Waschlösungen für die Salze diente ein Lösungsmittelgemisch THF/DMF/MeOH/n-Hexan (9:0,5:1:10 v/v). Als Lösungsmittel für das Polymer und für die Waschlösungen wurde THF/n-Hexan 1:1 verwendet. Die Tauchzeiten lagen bei 2 min, die Konzentration des Polymers war $5 \cdot 10^{-4}$ monomolar, die der Metallhexafluorophosphat-Salze $5 \cdot 10^{-3}$ molar. Die Auftragung der Absorption bei 450 nm gegen die Zahl n der adsorbierten Schichten zeigt einen linearen Verlauf mit allen untersuchten Metallionen. Die Filme sind ebenfalls ionochrom. So sind die Koordinationspolymerfilme mit Zink blassgelb, mit Kobalt dunkelrot und mit Nickel gelb. Profilometrische Untersuchungen ergaben nach zwölf Tauchzyklen Filmdicken von 38,7 nm für den Zinkkomplex, 29,1 nm für die Filme des Kobaltkomplexes und 53,8 nm für die Filme des Nickelkomplexes.

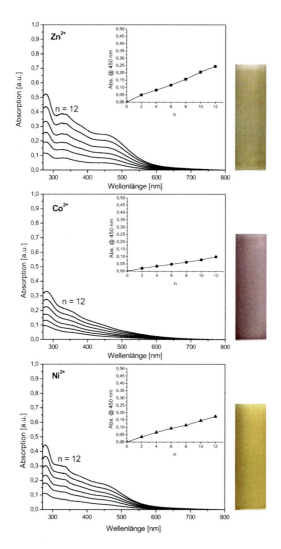

Abb. 3.28: *UV/Vis-Absorptionsspektren und Fotos von Koordinationspolymerfilmen aus P-2,7-CBZ-TPY und Zn^{2+} (oben), Co^{2+} (Mitte) und Ni^{2+} (unten), gemessen nach unterschiedlicher Anzahl n von Tauchzyklen. Die Einsätze zeigen die Zunahme der maximalen Absorption mit der Tauchzahl n.*

3.4.5. P-Ph1-TPY

Es wurde versucht, Koordinationspolymerfilme aus P-Ph1-TPY mit Zink- und Nickelionen herzustellen (Abb. 3.29). Der Filmaufbau war erfolgreich, wenn als Lösungsmittel für Tauch- und Waschlösungen der Salze eine Mischung aus THF/DMF/n-Hexan (9:1:10 v/v) verwendet wurde. Als Lösungsmittel für das Polymer und für die Waschlösungen wurde THF/n-Hexan (1:1 v/v) verwendet. Die Tauchzeiten lagen bei 10 min, die Konzentration des Polymers war $5\cdot10^{-4}$ monomolar, die der Metallhexafluorophosphat-Salze $5\cdot10^{-3}$ molar. Filme mit Zinkionen sind in diesem Fall braun gefärbt, Filme mit Nickelionen blassbraun. Als Grund kommt neben der Komplexierung der Metallionen mit den Terpyridingruppen eine zweite Komplexierung mit den N-Atomen der Hauptkette und den benachbarten O-Atomen der Octyloxygruppen in Frage (siehe Kapitel 3.3.2.).

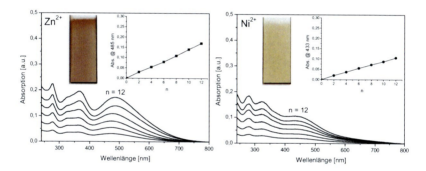

Abb. 3.29: UV/Vis-Absorptionsspektren von Koordinationspolymerfilmen aus P-Ph1-TPY und Zn^{2+} (links) sowie Ni^{2+} (rechts), gemessen nach unterschiedlicher Anzahl n von Tauchzyklen. Die Einsätze zeigen die Zunahme der Absorption mit der Tauchzahl n und die Farben der Filme.

3.4.6. P-Ph2-TPY

Die Herstellung von Koordinationspolymerfilmen aus P-Ph2-TPY wurde nur mit Zinkionen durchgeführt. Abb. 3.30 zeigt die UV/Vis-Spektren des Filmwachstums. Als Tauch- und Waschlösungen für Zinkhexafluorophosphat diente ein Lösungsmittelgemisch THF/DMF/MeOH/n-Hexan (5:0,2:3:10 v/v). Als Lösungsmittel für das Polymer und für die Waschlösungen wurde THF/n-Hexan 1:2 verwendet. Tauchzeiten lagen bei 5 s, die Konzentration des Polymers war $5\cdot10^{-4}$ monomolar, die des Zinkhexafluorophosphates

Ergebnisse und Diskussion

$5 \cdot 10^{-3}$ molar. Der Filmaufbau ist linear und die Farbe der Filme ist gelb. Die gemessene Filmdicke nach 12 Tauchzyklen beträgt nur 22,8 nm.

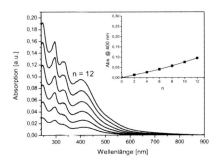

Abb. 3.30: *UV/Vis-Absorptionsspektren von Koordinationspolymerfilmen aus P-Ph2-TPY und Zn^{2+}, gemessen nach unterschiedlicher Anzahl n von Tauchzyklen. Der Einsatz zeigt die Zunahme der Absorption bei 400 nm mit der Tauchzahl n.*

3.4.7. P-BocDA-TPY

Schließlich wurden Koordinationspolymerfilme aus P-BocDA-TPY und Zink-, Kobalt- und Nickelionen hergestellt. Wieder war die Filmherstellung mit allen untersuchten Metallionen erfolgreich. Als Lösungsmittel für die Salze wurde eine Mischung aus THF/DMF/MeOH/ n-Hexan (1:0,01:0,5:1 v/v) verwendet. Das Polymer wurde aus einer THF/n-Hexan (1:1 v/v) Mischung adsorbiert. Die Tauchzeit betrug 5 min, die Konzentration des Polymers war $5 \cdot 10^{-4}$ monomolar, die der Metallhexafluorophosphat-Salze $5 \cdot 10^{-3}$ molar. In Abb. 3.31 sind UV/Vis-Spektren der Filme mit Zn-, Co- und Ni-Ionen, gemessen nach unterschiedlicher Anzahl von Tauchzyklen, zusammengestellt. Der mit Zinkionen adsorbierte Film zeigt Absorptionsmaxima bei 248, 296, 330 und 445 nm, die Farbe des Films ist zitronengelb. Die Absorptionsmaxima der Filme mit Kobalt liegen bei 296, 335 und 510 nm. Sie sind lila gefärbt. Mit Nickel hergestellte Filme sind zitronengelb und absorbieren das UV-Licht bei 295, 328 und 447 nm. Die Koordinationspolymerfilme weisen wieder eine Ionochromie auf. Nach 12 Tauchzyklen ist ein Film des Zinkkomplexes von P-BocDA-TPY 40 nm dick, ein Film mit Kobalt 30 nm und einer mit Nickel ebenfalls 30 nm dick. Die Filme besitzen eine homogene Oberfläche, was in Abb. 3.35 gezeigt ist.

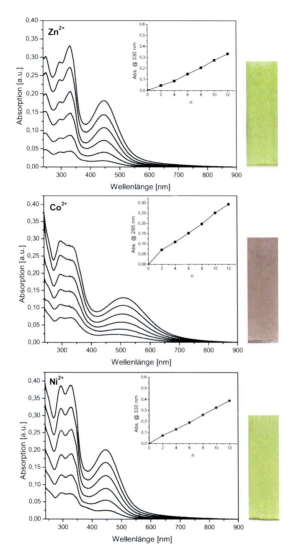

Abb. 3.31: *UV/Vis-Absorptionsspektren und Fotos von Koordinationspolymerfilmen aus P-BocDA-TPY und Zn^{2+} (oben), Co^{2+} (Mitte) und Ni^{2+} (unten), gemessen nach unterschiedlicher Anzahl n von Tauchzyklen. Die Einsätze zeigen die Zunahme der maximalen Absorption mit der Tauchzahl n.*

3.4.8. Abspaltung der Boc-Gruppe

Die Abspaltung der Boc-Gruppe ist bei P-BocDA-TPY aus zwei Gründen attraktiv: Erstens verliert das Polymer im Koordinationsnetzwerk des Films durch die Abspaltung die Löslichkeit, was dem Koordinationspolymerfilm zusätzliche Stabilität verleiht. Zweitens können elektrochemische und elektrochrome Eigenschaften des Polymers und der Koordinationspolymerfilme beeinflusst oder verändert werden, und es können neue Oxidationsstufen mit interessanten elektrochromen Effekten entstehen. Es bestehen zahlreiche Möglichkeiten zur Schutzgruppenabspaltung, zum Beispiel durch Erhitzen, Druck oder Eliminierung in saurem Medium. In dieser Arbeit wurden die thermische und die saure Abspaltung näher untersucht (Schema 3.2) und für die Systeme aus P-BocDA-TPY mit Zink-, Kobalt- und Nickelionen optimiert.

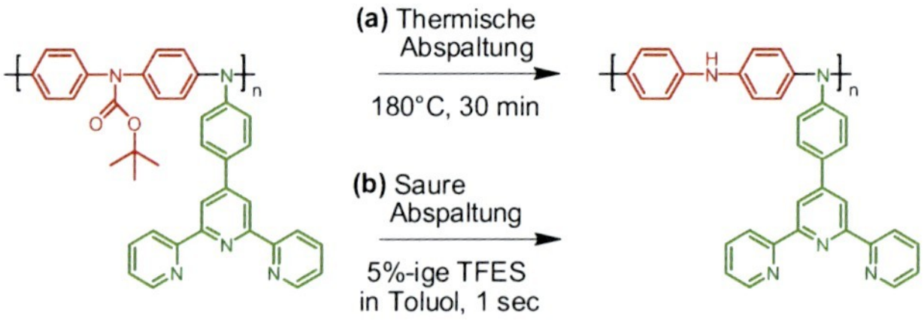

Schema 3.2: *Thermische und saure Abspaltung der Boc-Schutzgruppe.*

Als Standardsystem für die Untersuchungen diente der Zinkkomplex von P-BocDA-TPY. Es wurden jeweils Koordinationspolymerfilme mit zwölf Tauchzyklen hergestellt. Die Aufnahme von UV/Vis-Spektren erfolgte auf Quarzglas. Für die Untersuchung mittels IR-Spektroskopie wurden die Filme auf einem Germanium-Kristall hergestellt.

(a) Thermische Abspaltung

Der Mechanismus der thermischen Abspaltung ist in Abb. 3.32 dargestellt. Beim Erhitzen verliert die *t*-Butylcarbamat-Gruppe Isopropen und wird zum Hydroxycarbamat, das durch Decarboxylierung zum Amin zersetzt wird.[81]

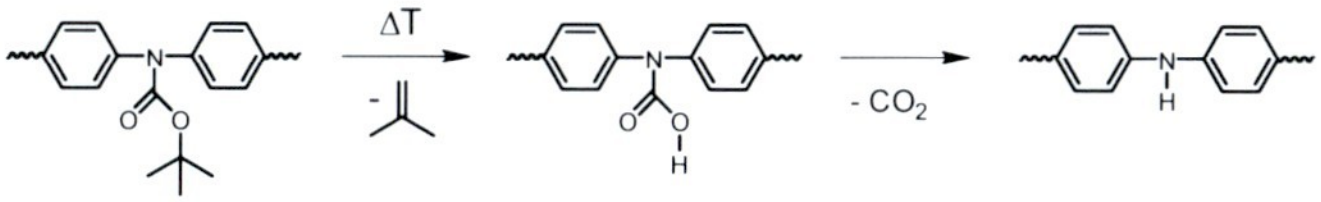

Ergebnisse und Diskussion

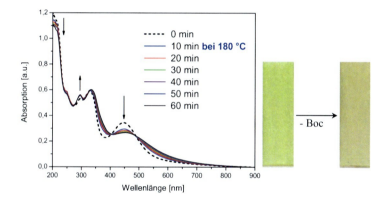

Abb. 3.32: Mechanismus der thermischen Abspaltung der Boc-Schutzgruppe.[81]

Zu diesem Zweck wurden die Proben eine Stunde auf 180°C erhitzt und direkt nach der Abkühlung auf Raumtemperatur untersucht. UV/Vis-Spektren, die nach jeweils zehn Minuten Erhitzen gemessen wurden, zeigen eine Veränderung der Absorptionsmaxima der Filme (Abb. 3.33). Die Bande bei 446 nm verliert an Intensität und verschiebt sich bathochrom nach 456 nm. Der zitronengelbe Film wird blassorange. Es ist außerdem zu sehen, dass nach 30 min Erhitzen keine wesentliche Veränderung der UV-Spektren mehr stattfindet.

Abb. 3.33: UV/Vis-Spektren eines Zn-P-BocDA TPY Films nach verschiedener Erhitzungszeit auf 180°C. Die Fotos zeigen die Farbänderung des Films bei der Boc-Abspaltung.

Der gleiche Versuch wurde mittels IR-Spektroskopie verfolgt. Es wurden IR-Spektren von einem Zn-P-BocDA-TPY-Film auf einem Germanium-Kristall nach 30, 40 und 60 min Erhitzen gemessen (Abb. 3.34). Das Verschwinden der C=O Banden bei 1706 und 1640 cm^{-1} weist die Eliminierung der Boc-Gruppe nach. Beide Methoden zeigen übereinstimmend, dass schon nach 30 min Erhitzen bei 180°C die Boc-Gruppe vollständig abgespalten ist.

Ergebnisse und Diskussion

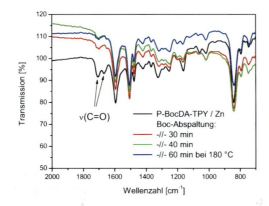

Abb. 3.34: *Thermische Abspaltung der Boc-Schutzgruppe. IR-Spektren eines Zn-P-BocDA-TPY-Films nach verschiedener Erhitzungszeit auf 180°C.*

Der Einfluss des Erhitzens auf die Morphologie der Filmoberfläche wurde mittels Rasterelektronenmikroskopie untersucht. Wie Abb. 3.35 zeigt, ist der Einfluss sehr gering. Nach dem Erhitzen erscheint die feinkörnige Oberfläche glatter, obwohl die größeren Partikel unverändert bleiben.

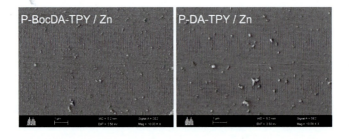

Abb. 3.35: *Morphologie der Filmoberfläche vor und nach der Boc-Abspaltung.*

(b) Saure Abspaltung

Der Mechanismus der sauren Abspaltung ist in Abb. 3.36 dargestellt. Durch Behandlung mit Trifluoressigsäure (TFES) wird die Boc-Schutzgruppe nach einem E_1-Mechanismus über eine Carbokation-Zwischenstufe eliminiert und eine Carbamidsäure gebildet, die durch Decarboxylierung zum Amin zersetzt wird.[82]

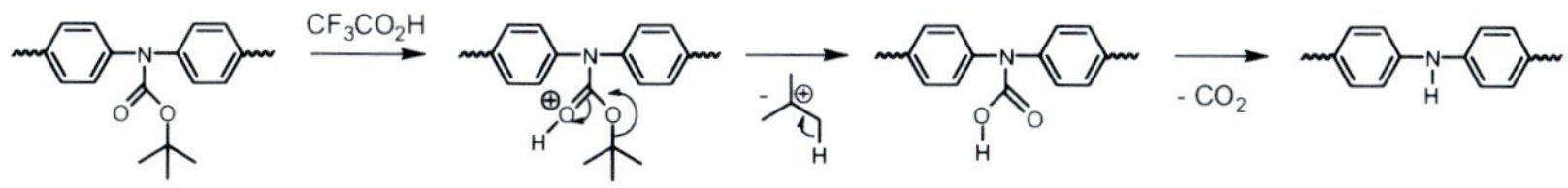

Abb. 3.36: *Mechanismus der sauren Abspaltung der Boc-Schutzgruppe.*[82]

Durch einmaliges Tauchen des mit dem Koordinationspolymerfilm beschichten Substrates in eine 5%-ige Lösung von TFES in Toluol wird die Schutzgruppe abgespalten. Anschließend wird das Substrat mit reinem Toluol oder einer 5%-igen Lösung von Triethylamin in Toluol gewaschen, um die Reste der TFES zu entfernen und die chemisch mit der Säure oxidierten N-Atome zu reduzieren (siehe auch Kapitel 3.7.2). Die IR-Spektren vor und nach der Säurebehandlung sind in Abb. 3.37 gezeigt. Man erkennt das Entstehen zweier neuer Banden bei 1699 und 1202 cm^{-1}, die den N-H-Deformationsschwingungen sekundärer Amine zugeordnet werden können und die Abspaltung der Boc-Gruppe anzeigen.

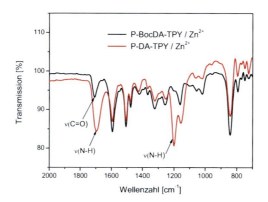

Abb. 3.37: *Saure Abspaltung der Boc-Schutzgruppe. IR-Spektren eines Zn-P-BocDA-TPY-Films vor und nach Behandlung mit 5% Trifluoressigsäure in Toluol.*

Die saure Abspaltung wird ebenfalls mit einem Farbumschlag von zitronengelb nach blassorange begleitet. UV/Vis-Spektren vor und nach Säurebehandlung sind in Abb. 3.38 dargestellt. Durch das Abspalten der Boc-Gruppe verschiebt sich das Absorptionsmaximum bei 446 nm bathochrom um 12 nm. Die Farbe wechselt dabei von zitronengelb nach blassorange.

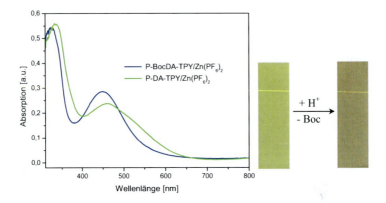

Abb. 3.38: *UV/Vis-Spektren der sauren Boc-Abspaltung bei einem Zn-P-BocDA-TPY-Film. Die Fotos zeigen den Farbumschlag des Films.*

Für die weiteren Untersuchungen der elektrochemischen und elektrochromen Eigenschaften der Filme wurde die thermische Abspaltung (30 min bei 180 °C) der Boc-Gruppe verwendet. Abb 3.39 zeigt die Koordinationspolymerfilme aus P-BocDA-TPY mit verschiedenen Metallionen vor und nach der Boc-Eliminierung.

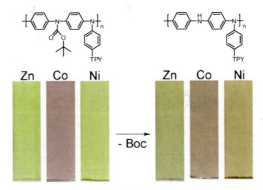

Abb. 3.39: *Koordinationspolymerfilme (24 Tauchzyklen) von P-BocDA-TPY mit Zn-, Co- und Ni-Metallionen vor und nach der thermischen Boc-Abspaltung.*

Ergebnisse und Diskussion

3.5. Elektrochemische und elektrochrome Eigenschaften der Filme

Zu einer ersten Abschätzung der Anwendbarkeit in elektrochromen Bauteilen wurden die Redoxeigenschaften der Koordinationspolymerfilme cyclovoltammetrisch bestimmt. Die cyclovoltammetrischen Messungen erfolgten in Acetonitril in einer Drei-Elektroden-Messzelle. Nähere Angaben finden sich in Kapitel 4.2. Die Messungen wurden mit Platin als Gegen- und Referenzelektrode bei Raumtemperatur durchgeführt und gegen Ferrocen (FOC) standardisiert. Die Cyclovoltammogramme wurden bei verschiedenen Scangeschwindigkeiten im Bereich von 5 mV/s bis 200 mV/s gemessen.

Zeigten die Koordinationspolymerfilme ein elektrochromes Verhalten, wurden sie spektroelektrochemisch untersucht. Zu diesem Zweck wurde eine elektrochemische Zelle in das UV/Vis-Spektrometer eingebaut und die Absorption bei verschiedenen Potenzialen gemessen (siehe auch Kapitel 4.3.).

Schaltzeiten und Kontraste der elektrochromen Filme wurden bei einer bestimmten Wellenlänge gemessen. Als geeignete Wellenlänge wurde jene mit der stärksten Absorptionsänderung gewählt (siehe auch Kapitel 4.3.).

Für alle elektrochemischen Experimente wurden Koordinationspolymerfilme auf ITO-Glasträger mit zwölf Tauchzyklen hergestellt. Für die Fotoaufnahmen der elektrochromen Effekte wurden Substrate nach 24 Tauchzyklen verwendet.

3.5.1. P-FL-TPY

Die cyclovoltammetrische Untersuchung von Filmen aus P-FL-TPY mit Zink-, Kobalt- und Nickel-Metallionen ist in Abb. 3.40 dargestellt. Die anodische Oxidation der Filme mit Zn- und Ni-Ionen ist ähnlich. Beide Filme zeigen zwei reversible, eng aneinander liegende Peaks, die nur wenig durch die Art des Metallions beeinflusst werden. Die Oxidationspotentiale des Zinkkomplexes liegen bei 0,31 und 0,56 V, die vom Nickelkomplex bei 0,41 und 0,56 V. Der Film mit Kobaltionen zeigt nur ein verbreitetes Oxidationssignal bei 0,31 V. Während der nachfolgenden Reduktion entstehen aber zwei Wellen bei 0,30 und 0,15 V. Daraus lässt sich schließen, dass das verbreitete Oxidationssignal aus zwei Oxidationsschritten mit nahezu gleichen Potenzialen besteht. Die niedrigen Oxidationspotentiale und der geringe Einfluss der

Ergebnisse und Diskussion

Metallionen machen eine Oxidation der elektronenreichen N-Atome in der Polymerkette wahrscheinlich.[83] Einen möglichen Oxidationsmechanismus zeigt Abb. 3.41. Die kathodische Reduktion der Filme ergibt Reduktionspeaks bei -2,5 und -3,3 V (gegen FOC), die der Reduktion der TPY-Einheit zugeordnet werden kann. Wegen des stark negativen Potentials sind die Reduktionszyklen nur teilweise reversibel.

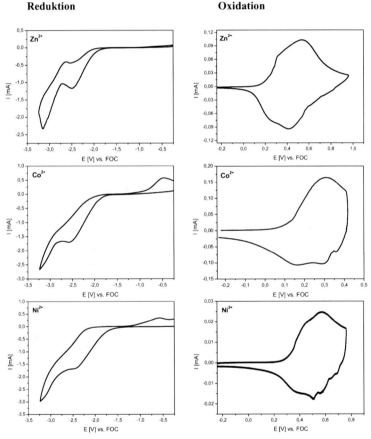

Abb. 3.40: Reduktive (links) oxidative (rechts) und voltammetrische Zyklen der Koordinationspolymerfilme aus P-FL-TPY und Zn^{2+}-, Co^{2+}- und Ni^{2+}-Ionen (Träger: ITO-beschichtetes Glas, 12 Tauchzyklen).

Die Ähnlichkeit der Oxidations- und Reduktionszyklen lässt vermuten, dass in allen drei Filmen mit verschiedenen Metallionen dieselben Elektronentransferreaktionen am Polymer stattfinden. Das erste Oxidationssignal ist der Oxidation eines Stickstoffatoms in der Polymerhauptkette zuzuordnen, die zur Bildung eines Kationradikals führt. Das Radikal kann teilweise über eine benachbarte Arylgruppe delokalisiert werden. Das zweite Signal ist der Oxidation eines zum gerade oxidierten Stickstoffatom benachbarten N-Atoms zuzuschreiben. Durch eine Rekombination der gebildeten Kationradikale wird ein Dikation mit chinoider Struktur in der Fluoren-Einheit gebildet.

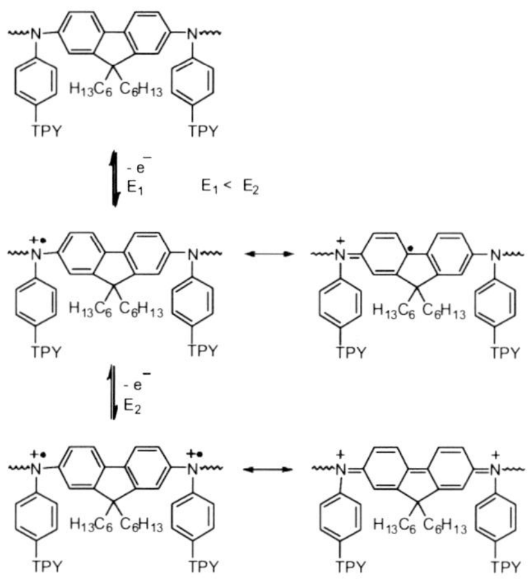

Abb. 3.41: *Elektronische Zustände von P-FL-TPY nach erster und zweiter anodischer Oxidation.*

Zur Überprüfung der Reversibilität der anodischen Oxidation wurde die elektrochemische Oxidation eines Zn-P-FL-TPY-Koordinationspolymerfilms (12 Tauchzyklen) auf ITO-Glas viele Male wiederholt. Die ersten hundert Zyklen, aufgenommen bei einer Scangeschwindigkeit von 200 mV/s, sind in Abb. 3.42 dargestellt. Auch beim hundertsten Zyklus ist die elektrochemische Oxidation hoch reversibel. Da dieser Versuch ohne Schutz gegen Luftsauerstoff und -feuchtigkeit durchgeführt wurde, erkennt man eine leichte Abnahme des Stromflusses um ca. 8 %. REM-Aufnahmen der Oberfläche des Films aus P-FL-TPY und $Zn(PF_6)_2$ vor und nach 100 cyclovoltammetrischen Zyklen in Abb. 3.43 zeigen eine minimale Veränderung der Oberflächenmorphologie des Films, hin zu einer feineren und glatteren Oberfläche. Dadurch wird auch die Filmdicke geringfügig geändert. Der 46,7 nm dicke Film wird um ca. 2,5 nm dünner, die Filmdicke nach 100 cyclovoltammetrischen Zyklen beträgt 45,6 nm.

Ergebnisse und Diskussion

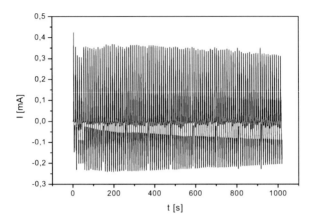

Abb. 3.42: *Reversibilität der elektrochemischen Oxidation eines Zn-P-FL-TPY-Films auf ITO-Glas (12 Tauchzyklen).*

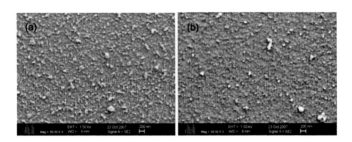

Abb. 3.43: *REM-Aufnahmen der Oberfläche eines Films aus P-FL-TPY und Zn(PF$_6$)$_2$; (a) vor der anodischen Oxidation und (b) nach 100 cyclovoltammetrischen Zyklen.*

Oxidation und Reduktion der Koordinationspolymerfilme sind von auffälligen Farbwechseln, die von der Art des Metallionkomplexes mit dem Polymer beeinflusst werden, begleitet. Filme des Zink-Komplexes zeigen einen gelb-rot-blau-Übergang; Filme des Kobalt-Komplexes nur einen lila-blau-Wechsel; Filme des Nickel-Komplexes einen blaßgelb-orange-blau-Übergang (Abb. 3.44). Die Farbwechsel korrelieren mit den Oxidationspotenzialen und können mit dem schon in Abb. 3.41 beschriebenen Mechanismus erklärt werden. Eine detaillierte Analyse der Farbwechsel wurde spektroelektrochemisch durchgeführt. Hierzu wurden UV/Vis-Spektren gemessen, während verschiedene Potenziale angelegt wurden (Abb. 3.44).

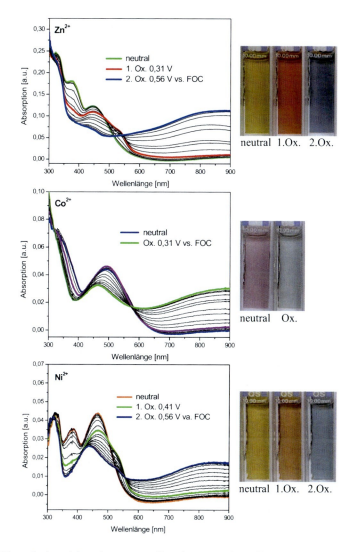

Abb. 3.44: *Spektroelektrochemie von Koordinationspolymerfilmen aus P-FL-TPY und verschiedenen Metallionen. Die UV/Vis-Spektren wurden bei verschiedenen Potentialen gemessen. Fotos zeigen Farben der Filme im neutralen und oxidierten Zustand (24 Tauchzyklen).*

Ergebnisse und Diskussion

Der Film des Zink-Komplexes wechselt die Farbe bei 0,31 V von gelb nach rot, wenn die erste Oxidation stattfindet. Der Farbwechsel verursacht eine Abnahme der Banden bei 375 und 450 nm. Es entsteht eine Schulter bei 537 nm und ein isosbestischer Punkt tritt bei 482 nm auf. Eine weitere Erhöhung des Oxidationspotentials auf 0,56 V ist mit einem Farbwechsel von rot nach blau begleitet. Bei diesem Übergang tritt ein isosbestischer Punkt bei 544 nm auf und es entsteht eine breite Absorptionsbande mit Maximum bei ca. 900 nm. Im kurzwelligen Bereich wird ein weiterer Rückgang der Absorption beobachtet.

Der Film mit Kobalt ist im neutralen Zustand lila und wird während der elektrochemischen Oxidation blau. Bei einem Potential von 0,31 V wird eine neue, breite Absorptionsbande mit Maximum bei ca. 900 nm gebildet. Die Absorption bei 490 nm nimmt teilweise ab und wird hypsochrom um 30 nm verschoben. Das Auftreten nur eines isosbestischen Punktes bei 580 nm weist auf die Einstufigkeit der Oxidation hin.

Die elektrochromen Eigenschaften der Filme mit Nickelionen ähneln jenen der mit Zink adsorbierten Filme. Der im neutralen Zustand blassgelbe Film wechselt seine Farbe beim ersten anodischen Peakpotential von 0,41 V nach orange. Die Bande mit Maximum bei 375 nm wird vollständig zurückgebildet, und die Intensität der Bande bei 460 nm nimmt ab. Es entsteht eine Schulter bei 535 nm. Der Farbwechsel ist vom Auftreten eines isosbestischen Punktes bei 502 nm begleitet. Bei einem Potential von 0,56 V wird der Film blau. Wieder wird eine breite Absorptionsbande mit Maximum bei ca. 850 nm gebildet, während die Bande bei 460 nm teilweise abnimmt und sich hypsochrom nach 438 nm verschiebt. Beim Übergang von orange nach blau tritt ein isosbestischer Punkt bei 554 nm auf.

Die Untersuchung zeigt, dass der Farbwechsel durch die Oxidation der Polymerkette und nicht durch die Oxidation oder Reduktion der Metallionen zustande kommt. Die Koordinationspolymerfilme mit Kobaltionen unterscheiden sich von den anderen dadurch, dass die Oxidationspotentiale, bei denen Kationradikal und Dikation gebildet werden, sehr nahe bei einander liegen. Die Farben der Filme mit Zink- und Nickelionen unterscheiden sich in den neutralen und ersten oxidierten Zuständen, weisen aber dieselbe blaue Farbe bei der vollständigen Oxidation auf. Die Ionochromie im neutralen Zustand basiert auf Wechselwirkungen zwischen den Metallionen und den Terpyridin-Liganden.

Um die Schaltzeiten für die Farbwechsel der Filme aus P-FL-TPY und verschiedenen Metallionen zwischen dem neutralen und voll oxidierten Zustand zu bestimmen, wurde die Zeitdauer der Absorptionsänderung bei 800 nm gemessen. Die elektrochromen Filme wurden alle 5 s zwischen dem neutralen und oxidierten Zustand hin- und hergeschaltet. Zu diesem Zweck wurde eine Spannung von 0,56 V an die Zn- und Ni-haltigen Filme bzw. 0,31 V an die Co-haltigen Filme angelegt. Abb. 3.45 zeigt die Absorptionsänderung bei 800 nm als Funktion der Zeit. Links sind die ersten zehn Zyklen des elektrochromen Schaltens der Filme dargestellt. Betrachtet man die einzelnen Schaltzyklen (rechts), lassen sich Schaltzeiten von 450 ms (Zink-Komplex), 325 ms (Kobalt-Komplex) und 500 ms (Nickel-Komplex) für die Filme bestimmen. Die Zeiten gelten für dünne Filme, die durch zwölf Tauchzyklen hergestellt wurden. Bei dickeren Filmen sind die Schaltzeiten deutlich länger, weil Elektronen und Gegenionen einen längeren Weg im Film zurückzulegen haben.

Der bei 800 nm gemessene Kontrast in der Transmission des neutralen und voll oxidierten Films beträgt für einen Film des Zink-Komplexes nach 12 Tauchzyklen 18 %. Für einen Film nach 24 Tauchzyklen erhöht sich $\Delta\%T$ auf 54 %. Der Kontrast für einen Film des Kobalt-Komplexes nach 12 Tauchzyklen beträgt 8,5 % und der des Nickel-Komplexes 5 %.

Die Werte unterschiedlicher Koordinationspolymerfilme sind in Tab. 3.3 zusammengefasst. Die insbesondere für die Zn-haltigen Filme sehr guten Werte werden durch die geringe Dicke bei gleichzeitig hoher Porosität der Filme verursacht. Die Porosität ist auf die starre, aromatische Netzwerkstruktur zurückzuführen.

Tab. 3.3: *Charakteristische Daten verschiedener elektrochromer P-FL-TPY-Filme.*

	Tauchzyklen	Dicke [nm]	Δt [s]	$\Delta\%T$ bei 800 nm	$\Delta\%T$/nm
Zn/P-FL-TPY	12	46,7	0,450	18,0	0,38
	24	109,2	2,200	54,0	0,49
Co/P-FL-TPY	12	12,8	0,325	8,5	0,66
Ni/P-FL-TPY	12	11,6	0,500	5,0	0,43

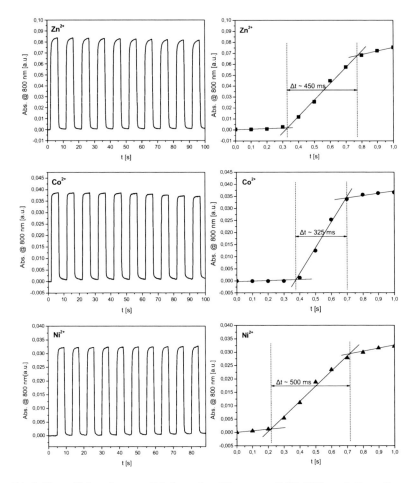

Abb. 3.45: *Elektrochromes Schalten der Filme aus P-FL-TPY und Zn-, Co- und Ni-Metallionen. Auftragung der Absorption bei 800 nm als Funktion der Zeit. Alle 5 s wurde das Potential zwischen 0 V und 0,56 V (Zn-, Ni-Film) bzw. 0,31 V (Co-Film) hin- und hergeschaltet. Links: Die ersten zehn Schaltzyklen; Rechts: Ein Schaltvorgang zur Bestimmung der Schaltzeit.*

3.5.2. P-3,6-CBZ-TPY

Die cyclovoltammetrische Untersuchung von Filmen aus P-3,6-CBZ-TPY mit Zink-, Kobalt- und Nickel-Metallionen ist in Abb. 3.46 dargestellt. Die anodische Oxidation der Filme mit allen untersuchten Metallionen verläuft ähnlich. Die Cyclovoltammogramme zeigen zwei quasireversible, eng aneinander liegende Peaks. Die Oxidationspotentiale des Zink-Komplexes liegen bei 0,36 und 0,76 V, die des Kobalt-Komplexes bei 0,46 und 0,71 V und die des Nickel-Komplexes bei 0,31 und 0,56 V. Die kathodische Reduktion der Filme ergibt einen Reduktionspeak bei ca. -2 V und ist irreversibel.

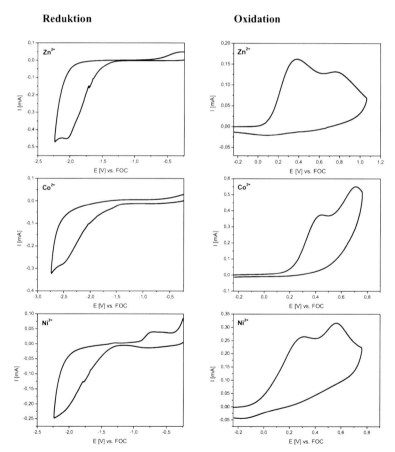

Abb. 3.46: Oxidative (rechts) und reduktive (links) voltammetrische Zyklen von Koordinationspolymerfilmen aus P-3,6-CBZ-TPY und Zn^{2+}-, Co^{2+}- und Ni^{2+}-Ionen (Träger: ITO-beschichtetes Glas, 12 Tauchzyklen).

Ergebnisse und Diskussion

Da die Oxidations- und Reduktionszyklen der verschiedenen Metallkomplexsalze sehr ähnlich sind, kann man annehmen, dass die Redoxeigenschaften nicht durch die Art des Metallions beeinflusst werden, sondern eine Polymeroxidation eintritt. Wie bei P-FL-TPY ist die Bildung von Kationradikalen bzw. Dikationen wahrscheinlich (Abb. 3.47). Das erste Oxidationssignal ist der Abgabe eines Elektrons vom Stickstoffatom in der Polymerhauptkette zuzuordnen, es wird ein Kationradikal gebildet. Das Radikal kann über die benachbarte Carbazol-Gruppe delokalisiert werden. Beim zweiten Oxidationsschritt ist dann die Abgabe eines Elektrons vom Carbazolstickstoff möglich. Es wird ein Dikation und eine chinoide Struktur gebildet.

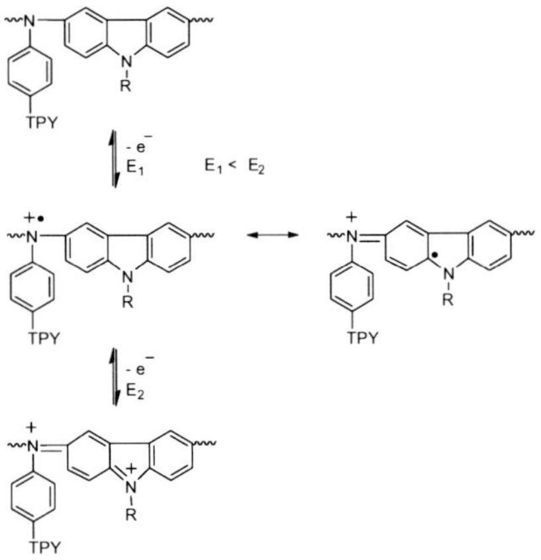

Abb. 3.47: *Elektronische Zustände von P-3,6-CBZ-TPY nach erster und zweiter anodischer Oxidation.*

Im Laufe der anodischen Oxidation treten elektrochrome Effekte auf. Filme des Zink- und Nickel-Komplexes zeigen einen gelb-grün-blau-Übergang; Filme des Kobalt-Komplexes einen blassrot-grünbraun-blaubraun-Wechsel (Abb. 3.48). Eine detaillierte Analyse der Farbwechsel wurde spektroelektrochemisch durchgeführt.

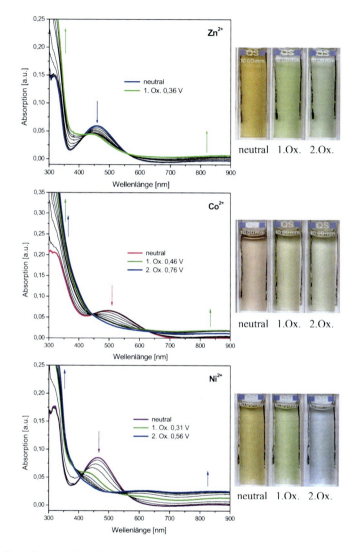

Abb. 3.48: *Spektroelektrochemie von Koordinationspolymerfilmen aus P-3,6-CBZ-TPY und verschiedenen Metallionen. Die UV/Vis-Spektren wurden gemessen, während verschiedene Potentiale angelegt wurden. Fotos zeigen die Farben der Filme im neutralen und oxidierten Zustand (24 Tauchzyklen).*

Ergebnisse und Diskussion

Der Film des Zink-Komplexes wechselt bei Überschreiten des ersten Oxidationspeaks bei 0,36 V die Farbe nach grün. Der Farbwechsel verursacht eine Abnahme und eine hypsochrome Verschiebung der Bande bei 458 nm. Gleichzeitig nimmt die Absorption bei 300 nm und zwischen 700 und 900 nm zu. Beim Übergang treten zwei isosbestische Punkte bei 418 und 560 nm auf. Eine weitere Erhöhung der Oxidationspotentiale ist mit einem Farbwechsel nach blau verbunden, die Absorption bei 900 nm nimmt weiter zu. Wegen einer Ablösung des Films vom ITO-Glas war die weitere spektroelektrochemische Untersuchung des zweiten Farbübergangs nach blau nicht möglich.

Der Film mit Kobalt ist blassrot im neutralen Zustand und wird grünbraun beim ersten Oxidationspeak von 0,46 V. Die Bande bei 500 nm bildet sich vollständig zurück, die Absorption bei 300 nm wird erhöht. Beim Farbwechsel treten isosbestische Punkte bei 445 und 632 nm auf. Bei einem Potential von 0,71 V wird der Film blaubraun und die Absorption im langwelligen Bereich wird erhöht. Ein isosbestischer Punkt tritt bei 617 nm auf.

Die Elektrochromie der Filme mit Nickelionen ähnelt den Filmen mit Zinkionen. Der im neutralen Zustand gelbe Film ändert beim ersten Oxidationspeak von 0,31 V die Farbe nach grün. Die Bande mit Maximum bei 462 nm verliert an Intensität und verschiebt sich hypsochrom nach 428 nm. Die Absorption bei 300, 615 und 850 nm nimmt zu. Zwei isosbestische Punkte bei 418 und 565 nm treten bei diesem Farbwechsel auf. Wird die Spannung auf 0,56 V erhöht, färbt sich der Film blau. Die Absorption der Banden bei 300, 615 und 850 nm nimmt zu. Die isosbestischen Punkte verschieben sich nach 386 und 525 nm.

Anders als bei den Filmen mit dem fluorenhaltigen P-FL-TPY ist die Reversibilität der elektrochromen Effekte der P-3,6-CBZ-TPY-Filme deutlich schlechter. Die Absorption bleibt bei mehrfachem Schalten zwischen dem neutralen und voll oxidierten Zustand nicht über längere Zeit konstant (Abb. 3.49). Auch sind die bei 800 nm gemessenen Kontraste deutlich geringer (zwischen 2,8 und 4 %). Da die Absorptionsänderung bei 300 nm am stärksten ausgeprägt ist, wurden die Kontraste der Filme auch bei 300 nm bestimmt. Die Werte liegen mit bis zu 24,6 % im akzeptablen Bereich. Die charakteristischen Daten der Koordinationspolymerfilme mit unterschiedlichen Metallionen sind in Tab. 3.4 zusammengefasst. Die Schaltzeiten liegen je nach verwendeter Metallionensorte bei 300 ms (Zink), 400 ms (Nickel) und 1,1 s (Kobalt).

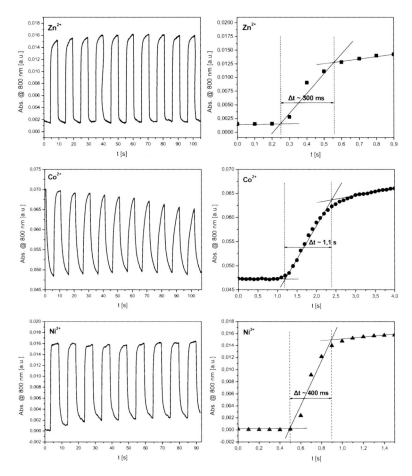

Abb. 3.49: *Elektrochromes Schalten der Filme aus P-3,6-CBZ-TPY und Zn-, Co- und Ni-Metallionen. Links: Die ersten zehn Schaltzyklen; Rechts: Ein Schaltvorgang zur Bestimmung der Schaltzeiten.*

Tab. 3.4: *Charakteristische Daten verschiedener elektrochromer P-3,6-CBZ-TPY-Filme.*

	Tauchzyklen	Dicke [nm]	Δt [s]	Δ%T bei 800 nm	Δ%T bei 300 nm	Δ%T/nm bei 300 nm
Zn/P-3,6-CBZ-TPY		48,2	0,300	4,0	24,6	0,51
Co/P-3,6-CBZ-TPY	12	23,1	1,100	2,8	10,8	0,46
Ni/P-3,6-CBZ-TPY		18,7	0,400	3,0	14,5	0,77

Ergebnisse und Diskussion

3.5.3. P-2,7-CBZ-TPY

Die elektrochemischen Eigenschaften der P-2,7-CBZ-TPY-Koordinationspolymerfilme mit Zink-, Kobalt- und Nickelionen wurden ebenfalls untersucht. Die anodischen voltammetrischen Zyklen sind in Abb. 3.50 dargestellt. Ähnlich wie bei den Filmen mit P-3,6-CBZ-TPY lassen sich die Filme nur quasireversibel oxidieren. Die Oxidationspotentiale des Zinkkomplexes liegen bei 0,66 und 1,06 V, die des Nickelkomplexes bei 0,56 und 0,76 V. Für Filme mit Kobaltionen gibt es nur ein verbreitertes Oxidationssignal bei 0,71 V.

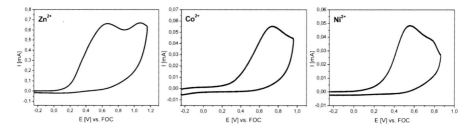

Abb. 3.50: *Oxidative voltammetrische Zyklen von Koordinationspolymerfilmen aus P-2,7-CBZ-TPY und Zn^{2+}-, Co^{2+}- und Ni^{2+}-Ionen (Träger: ITO-beschichtetes Glas, 12 Tauchzyklen).*

Auch bei diesen Polymerfilmen ist zu vermuten, dass die Oxidation in der Polymerhauptkette stattfindet. Wie Abb. 3.51 zeigt, existieren wahrscheinlich zwei Oxidationsstufen, in denen zunächst ein Kationradikal und schließlich ein Dikation gebildet werden. Anders als bei P-3,6-CBZ-TPY kann in der zweiten Oxidationsstufe das dem Carbazol benachbarte Stickstoffatom in der Polymerkette, und nicht der Carbazolstickstoff, oxidiert werden. Der Grund ist, dass beim 2,7-Carbazol ähnlich wie beim Fluoren die Delokalisierung des Radikals über die gesamte Carbazol-Struktur erfolgt. Bei der Oxidation wird ein Dikation mit einer chinoiden Struktur über die Carbazol-Gruppe gebildet.

Da sich der Oxidationsmechanismus von dem des P-3,6-CBZ-TPY unterscheidet, sind auch die elektrochromen Effekte der Filme, die bei der anodischen Oxidation auftreten, verschieden. Auffallend ist, dass bei allen Filmen nur ein Farbwechsel zu sehen ist. Filme mit Zinkionen zeigen einen dunkelgelb-grau-Übergang, die mit Kobaltionen einen dunkelrot-braun-Farbwechsel und Filme mit Nickelionen schalten von gelb nach grünblau.

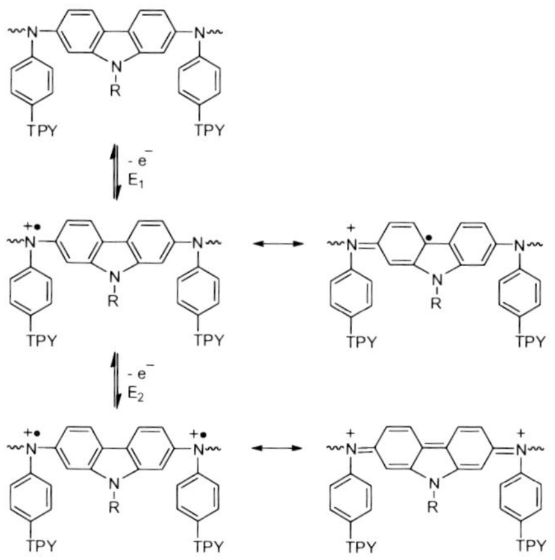

Abb. 3.51: Elektronische Zustände von P-2,7-CBZ-TPY nach erster und zweiter anodischer Oxidation.

Die spektroelektrochemische Untersuchung der P-2,7-CBZ-TPY-Filme ist in Abb. 3.52 dargestellt. Durch die Oxidation des Films mit Zinkmetallionen in der ersten Stufe nimmt die Absorptionsbande bei 455 nm ab, gleichzeitig nimmt die Absorption bei 330 nm zu und eine neue breite Bande mit Maximum bei 660 nm wird gebildet. Die Farbe des Films wechselt schon in der ersten Oxidationsstufe von dunkelgelb nach grau. Diesem Übergang entsprechen zwei isosbestische Punkte bei 350 und 550 nm. In der zweiten Stufe steigt die Absorption über 700 nm an und die Bande bei 660 nm nimmt weiter zu. Beim Film mit Kobaltionen liegt nur ein elektrochromer Übergang vor. Durch den Farbwechsel von dunkelrot nach braun nimmt das Absorptionsmaximum bei 500 nm ab, und die Absorption im Bereich von 700 bis 900 nm nimmt leicht zu. Die Elektrochromie des Films mit Nickelionen ist wieder zweistufig. In der ersten Oxidationsstufe wird eine Schulter bei 650 nm gebildet. In der zweiten Oxidationsstufe nimmt die Bande bei 455 nm ab, die Absorption bei 320 und 800 nm erhöht sich. Der Farbwechsel von gelb nach grünblau findet in der zweiten Stufe statt.

Ähnlich wie bei den Filmen mit P-3,6-CBZ-TPY ist die Reversibilität der anodischen Oxidation bei den P-2,7-CBZ-TPY-Filmen schlecht, sodass sich die Filme nicht mehrfach schalten lassen. Die Schaltzeiten liegen im Bereich zwischen 380 und 650 ms (Abb. 3.53). Die bei unterschiedlichen Wellenlängen gemessenen Kontraste sind mit maximal 9,9 % recht niedrig (Tab. 3.5).

Ergebnisse und Diskussion

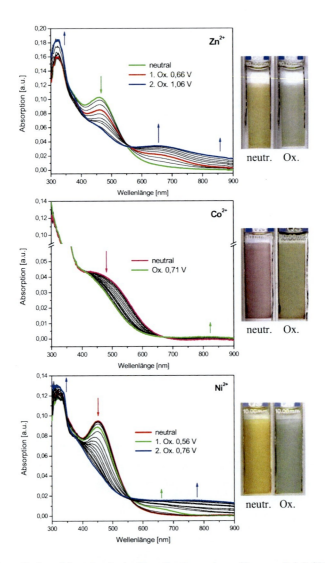

Abb. 3.52: Spektroelektrochemie der Koordinationspolymerfilme aus P-2,7-CBZ-TPY und verschiedenen Metallionen. Die Fotos zeigen Farben der Filme im neutralen und oxidierten Zustand (24 Tauchzyklen).

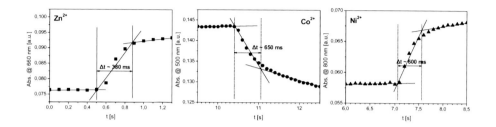

Abb. 3.53: Schaltzeitbestimmung der Filme aus P-2,7-CBZ-TPY und Zn^{2+}-, Co^{2+}- und Ni^{2+}-Metallionen.

Tab. 3.5: Charakteristische Daten verschiedener elektrochromer P-2,7-CBZ-TPY-Filme.

	Tauchzyklen	Dicke [nm]	Δt [s]	Δ%T	Δ%T bei 455 nm	Δ%T/nm bei 455 nm
Zn/P-2,7-CBZ-TPY		38,7	0,380	6,4*	8,3	0,21
Co/P-2,7-CBZ-TPY	12	29,1	0,650	5,0**	-	0,17**
Ni/P-2,7-CBZ-TPY		53,8	0,600	3,6***	9,9	0,18

* bei 660 nm; ** bei 500 nm; *** bei 800 nm.

3.5.4. P-Ph1-TPY

Die cyclovoltammetrische Untersuchung der P-Ph1-TPY-Filme ergab nur eine irreversible Oxidation mit zwei Signalen bei 0,9 und 1,2 V für den Zink-Komplex und bei 0,6 und 1 V für den Nickel-Komplex (Abb. 3.54). Der braun gefärbte Film des Zink-Komplexes und der hellbraune Film des Nickel-Komplexes wechselten während der cyclovoltammetrischen Messungen die Farbe zunächst nach gelb, um sich schließlich ganz zu entfärben. Die Erklärung ist kein reversibler elektrochemischer Effekt, sondern ist auf eine Zerstörung der Metallkomplexe mit nachfolgender Ablösung des Polymers vom ITO-Substrat zurückzuführen. Der nach Abb. 3.55 denkbare Oxidationsmechanismus tritt so nicht auf. In erster Linie kann die Ursache hierfür in der zusätzlichen Komplexierung der N-Atome in der Hauptkette und der O-Atome der Octyloxygruppen mit Metallionen liegen (siehe Kapitel 3.3.2.). So wird das freie Elektronenpaar des Stickstoffs in der Hauptkette durch die Komplexierung mit dem Metallion gebunden und eine elektrochemische Oxidation ist nicht

Ergebnisse und Diskussion

mehr möglich. Außerdem hat P-Ph1-TPY ein sehr niedriges Molekulargewicht von ca. 2000 g/mol. Dies kann während der elektrochemischen Oxidation eine Ablösung des Polymernetzwerks vom Träger begünstigen.

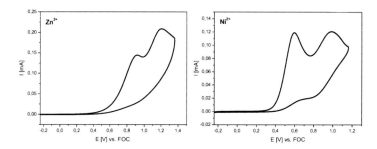

Abb. 3.54: Oxidative voltammetrische Zyklen von Koordinationspolymerfilmen aus P-Ph1-TPY und Zn^{2+}- und Ni^{2+}-Ionen.

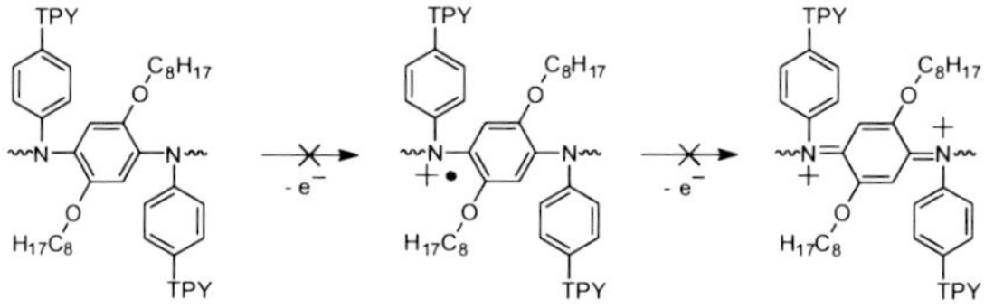

Abb. 3.55: Hypothetischer Mechanismus einer anodischen Oxidation von P-Ph1-TPY.

3.5.5. P-Ph2-TPY

Das Cyclovoltammogramm eines mit Zinkionen komplexierten P-Ph2-TPY-Films in Abb. 3.56 zeigt nur ein irreversibles, schlecht ausgeprägtes Oxidationssignal. Auch bei diesem Film wurde keine Elektrochromie beobachtet. Wie beim P-Ph1-TPY kann ein niedriges Molekulargewicht der Grund sein. Die kurzen Polymerketten lösen sich während der anodischen Oxidation leichter vom ITO-Glas ab. Als Folge davon wird eine Oxidation nach dem in Abb. 3.57 dargestellten Mechanismus nicht beobachtet.

Ergebnisse und Diskussion

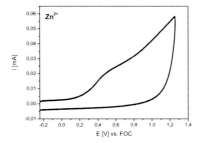

Abb. 3.56: Cyclovoltammogramm eines Koordinationspolymerfilms aus P-Ph2-TPY und Zn^{2+}-Ionen.

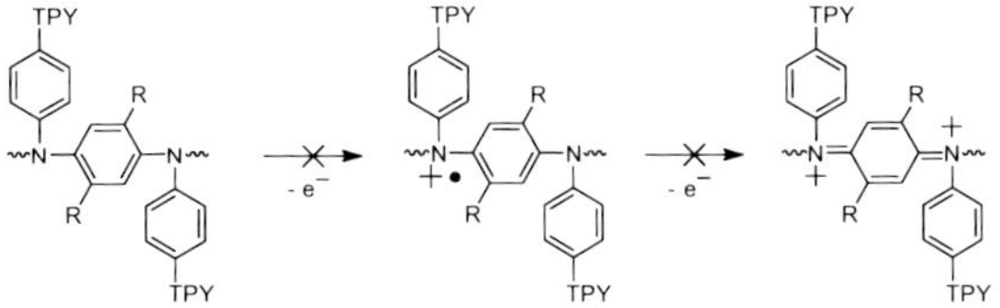

Abb. 3.57: Hypothetischer Mechanismus einer anodischen Oxidation von P-Ph2-TPY.

3.5.6. P-BocDA-TPY

Die Cyclovoltammogramme der Filme aus P-BocDA-TPY und verschiedenen Metallionen sind in Abb. 3.58 dargestellt. Das Oxidationspotential des Zink- und Nickel-Komplexes liegt bei 0,76 V, das des Kobalt-Komplexes bei 0,86 V. Die anodische Oxidation ist sehr gut reversibel. Die Oxidierbarkeit der beiden unterschiedlichen N-Atome in der Polymerkette ist gleich, da der elektronenziehende induktive Effekt der t-Butylcarbamat-Gruppe offenbar ähnlich stark ist wie der mesomere Effekt des TPY-Liganden. Es ist zu vermuten, dass die elektrochemische Oxidation aus zwei Oxidationsschritten mit gleichen Potentialen besteht. Einen möglichen Oxidationsmechanismus zeigt Abb. 3.59. Da die Oxidierbarkeit der beiden N-Atome offenbar gleich ist, kann nicht unterschieden werden, an welchem der beiden in der ersten Oxidationsstufe ein Kationradikal gebildet wird. In der zweiten Oxidationsstufe wird ein Dikation über die Phenylen-Einheit gebildet.

Ergebnisse und Diskussion

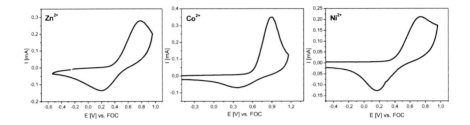

Abb. 3.58: Oxidative voltammetrische Zyklen von Koordinationspolymerfilmen aus P-BocDA-TPY und Zn^{2+}-, Co^{2+}- und Ni^{2+}-Ionen (Träger: ITO-beschichtetes Glas, 12 Tauchzyklen).

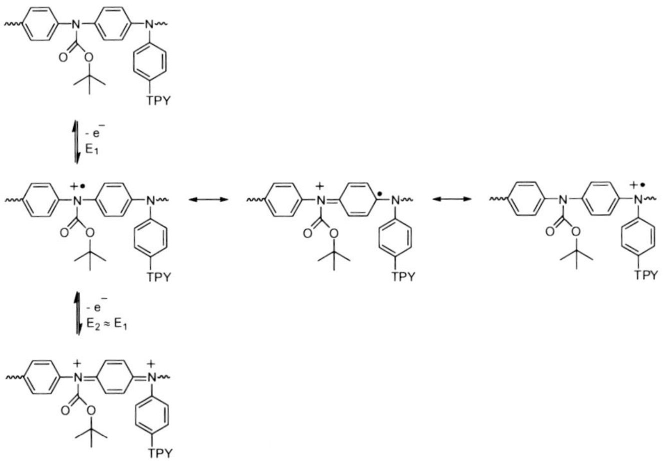

Abb. 3.59: Elektronische Zustände von P-BocDA-TPY nach erster und zweiter anodischer Oxidation.

Die Filme aus P-BocDA-TPY zeigen ausgeprägte elektrochrome Effekte. Filme der Zn- und Ni-Komplexe lassen sich von zitronengelb nach grüngrau, die der Co-Komplexe von lila nach grau schalten. Die spektroelektrochemische Untersuchung sowie Fotos der Filme im neutralen und oxidierten Zustand sind in Abb. 3.60 zusammengestellt.

Wird der Zn-P-BocDA-TPY-Film oxidiert, so nehmen in der ersten Stufe die Absorptionsbanden bei 300 und 443 nm ab und gleichzeitig entsteht eine neue, breite Bande mit Maximum bei 880 nm. Die Farbe des Films wechselt von zitronengelb nach grüngrau. Bei diesem Übergang treten zwei isosbestische Punkte bei 410 und 520 nm auf. In der zweiten Oxidationsstufe verliert die neu gebildete Bande bei 880 nm teilweise ihre Intensität, eine Bande mit Maximum bei 405 nm wird gebildet und die Absorption steigt zwischen 500 und 700 nm leicht an. Die Farbe des Films ist nach der zweiten Oxidation ebenfalls grüngrau.

Die spektroelektrochemische Untersuchung des Ni-P-BocDA-TPY-Films zeigt ein ähnliches Verhalten. In der ersten Oxidationsstufe nimmt die Bande bei 447 nm ab und verschiebt sich hypsochrom nach 412 nm, die Absorption bei 870 nm erhöht sich. In der zweiten Oxidationsstufe verliert die Bande bei 870 nm an Intensität und es wird eine verbreiterte Schulter mit Maximum bei 495 nm gebildet.

Der Film mit Kobaltionen zeigt einen lila-grau-Farbwechsel. In der ersten Oxidationsstufe verschiebt sich die Bande bei 500 nm leicht bathochrom nach 508 nm. Dabei findet kein erkennbarer Farbwechsel des Films statt. Bei weiterer Oxidation nimmt die Bande bei 508 nm ab und es wird eine Absorptionsbande mit Maximum bei 885 nm gebildet. Die Farbe des Films ändert sich in der zweiten Stufe von lila nach graublau.

Die spektroelektrochemische Untersuchung der Filme weist nach, dass es tatsächlich zwei Oxidationsstufen gibt, obwohl nur ein Farbübergang zu beobachten ist.

Zur Bestimmung der Schaltzeiten und Kontraste der Filme aus P-BocDA-TPY und verschiedenen Metallionen wurde die Absorptionsänderung bei 890 nm zwischen dem neutralen und oxidierten Zustand gemessen (Abb. 3.61). Die Schaltzeiten der Filme mit dem Boc-geschützten Polymer sind ziemlich groß. Sie betragen 1,09 s für den Zink-Komplex, 2,02 s für den Kobalt-Komplex und 1,63 s für den Nickel-Komplex. Die Ursache dafür kann in der Boc-Schutzgruppe liegen, die eine höhere Dichte im Film erzeugt und dadurch die Mobilität der Elektronen und Gegenionen verringert. Die Kontraste liegen mit Werten zwischen 13,3 % für den Nickelkomplex und 19 % für den Zinkkomplex recht hoch. Charakteristische Daten der elektrochromen P-BocDA-TPY-Filme sind in Tabelle 3.6 zusammengefasst.

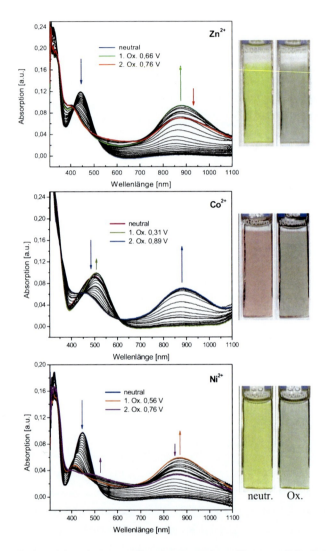

Abb. 3.60: *Spektroelektrochemie von Koordinationspolymerfilmen aus P-BocDA-TPY und verschiedenen Metallionen. Die Fotos zeigen die Farben der Filme im neutralen und oxidierten Zustand (24 Tauchzyklen).*

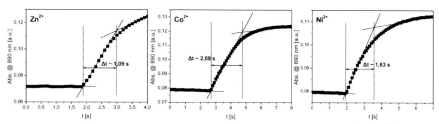

Abb. 3.61: Schaltzeitbestimmung der Filme aus P-BocDA-TPY und Zn^{2+}-, Co^{2+}- und Ni^{2+}-Metallionen.

Tab. 3.6: Charakteristische Daten verschiedener elektrochromer P-BocDA-TPY-Filme.

	Tauchzyklen	Dicke [nm]	Δt [s]	$\Delta\%T$ bei 890 nm	$\Delta\%T$/nm
Zn/P-BocDA-TPY		37	1,09	19,0	0,51
Co/P-BocDA TPY	12	30	2,02	15,0	0,50
Ni/P-BocDA-TPY		28	1,63	13,3	0,47

3.5.7. P-DA-TPY

Die Abspaltung der Boc-Schutzgruppe verursacht eine Veränderung der elektrochemischen Eigenschaften der Filme. Während die anodische Oxidation von Filmen aus P-BocDA-TPY nur mit einem Oxidationspeak verläuft, tritt nach der Boc-Abspaltung für die Filme der Zink- und Nickel-Komplexe noch ein zweiter Oxidationspeak bei niedrigerem Potenzial auf. Für Filme des Kobalt-Komplexes taucht sogar noch ein drittes Oxidationssignal auf. Cyclovoltammogramme der Filme mit P-DA-TPY sind in Abb. 3.62 dargestellt. Die Oxidationszyklen sind sehr reversibel, die Oxidationspotentiale liegen für die Filme mit Zinkionen bei 0,16 und 0,86 V, für die mit Kobaltionen bei -0,14, 0,21 und 0,76 V und für die mit Nickelionen bei 0,2 und 0,61 V.

Das vorher mit der Boc-Gruppe geschützte N-Atom trägt nach der Abspaltung Wasserstoff als Substituenten. Dies macht den Stickstoff leichter oxidierbar als die benachbarten N-Atome, die mit dem Phenylterpyridinrest substituiert sind. Einen zweistufigen Oxidations-

Ergebnisse und Diskussion

mechanismus des P-DA-TPY mit Bildung eines Kationradikals und eines Dikations zeigt Abb. 3.63.

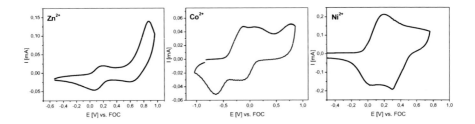

Abb. 3.62: *Oxidative voltammetrische Zyklen von Koordinationspolymerfilmen aus P-DA-TPY und Zn^{2+}-, Co^{2+}- und Ni^{2+}-Ionen (Träger: ITO-beschichtetes Glas, 12 Tauchzyklen).*

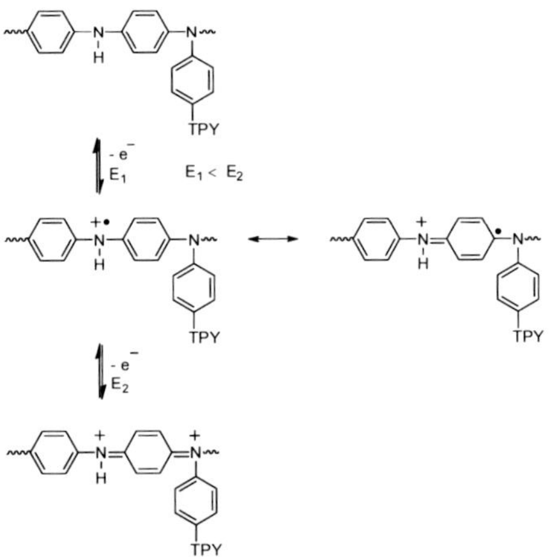

Abb. 3.63: *Elektronische Zustände von P-DA-TPY nach der ersten und zweiten anodischen Oxidation.*

Durch die Boc-Abspaltung verändern sich auch die elektrochromen Eigenschaften der Filme. Die blassorangen Filme der Zink- und Nickel-Komplexe wechseln ihre Farbe bei der Oxidation nach dunkelgrau. Der rosabraune Film des Kobalt-Komplexes wird bei der Oxidation grau. Spektroelektrochemie und Fotos der Filme im neutralen und oxidierten Zustand zeigt Abb. 3.64.

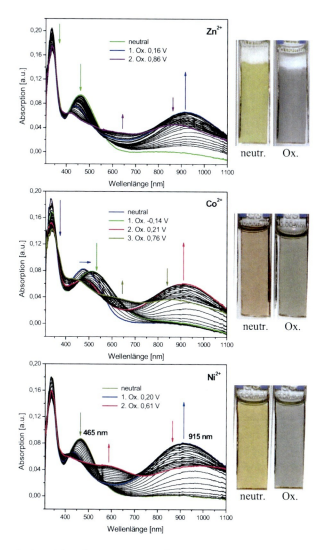

Abb. 3.64: *Spektroelektrochemie von Koordinationspolymerfilmen aus P-DA-TPY und verschiedenen Metallionen. Die Fotos zeigen die Farben der Filme im neutralen und oxidierten Zustand (24 Tauchzyklen).*

Die Oxidation des Films mit Zinkionen verursacht zunächst eine Abnahme der Absorptionsbanden bei 335 und 460 nm und die Bildung einer neuen, breiten Bande mit Maximum bei 920 nm. Die Farbe des Films wechselt von hellorange nach dunkelgrau. Eine weitere Erhöhung des Potentials verursacht eine leichte Abnahme und eine hypsochrome Verschiebung der neu gebildeten Bande von 920 nach 865 nm. Die Bande bei 460 nm nimmt weiter ab und verschiebt sich hypsochrom nach 415 nm. Die Absorption im Bereich von 550 bis 700 nm steigt leicht an. Die Farbe des Films in der zweiten Oxidationsstufe ist ebenfalls dunkelgrau.

Filme mit Kobaltionen sind rosabraun im neutralen Zustand. Bei einem Potential von -0,14 V findet die erste Veränderung der UV-Spektren statt, die Absorptionsbande bei 335 nm nimmt ab und die Bande bei 475 nm wird bathochrom nach 512 nm verschoben. Im zweiten Oxidationsschritt färbt sich der Film grau, was mit einer weiteren Veränderung der Spektren einhergeht. Die Bande bei 512 nm nimmt ab und verschiebt sich nach 475 nm, die Absorption bei 913 nm steigt an. In der dritten Oxidationsstufe nimmt die Absorption bei 913 nm teilweise wieder ab und bei 445 und 625 nm werden zwei verbreiterte Schultern gebildet. Die Farbe bleibt dabei unverändert.

Die spektroelektrochemische Untersuchung der mit Nickelionen adsorbierten Filme liefert ähnliche Ergebnisse wie für den Zinkkomplex mit dem Unterschied, dass in der ersten Oxidationsstufe eine Bande bei 915 nm gebildet wird. In der zweiten Oxidationsstufe nimmt die Bande bei 915 nm ab und es entsteht eine neue Absorption mit Maximum bei 580 nm.

Schaltzeiten und Kontraste der P-DA-TPY-Filme (Abb. 3.65) wurden bei 915 nm gemessen. Die Abspaltung der Boc-Gruppe führt zu einer Verkürzung der Schaltzeiten. Sie betragen für den Zink-Komplex 0,66 s, für den Kobalt-Komplex 1,22 s und für den Nickel-Komplex 0,53 s. Möglicherweise hat die Boc-Abspaltung eine Porenbildung in den Filmen ausgelöst, wodurch sich die Elektronen und Gegenionen schneller durch den Film bewegen können. Der Kontrast der Filme mit Zink- und Kobaltionen hat sich etwas verringert (14,4 bzw. 13,5 %), während der Kontrast des Films mit Nickelionen leicht ansteigt (16,6 %). Charakteristische Daten der elektrochromen P-DA-TPY-Filme sind in Tabelle 3.7 zusammengefasst.

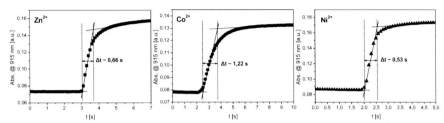

Abb. 3.65: *Schaltzeitbestimmung der Filme aus P-DA-TPY und Zn^{2+}-, Co^{2+}- und Ni^{2+}-Metallionen.*

Tab. 3.7: *Charakteristische Daten verschiedener elektrochromer P-DA-TPY-Filme.*

	Tauchzyklen	Dicke [nm]	Δt [s]	Δ%T bei 915 nm	Δ%T/nm
Zn/P-DA-TPY		37	0,66	14,4	0,38
Co/P-DA TPY	12	30	1,22	13,5	0,45
Ni/P-DA-TPY		28	0,53	16,6	0,59

3.6. Modifizierung elektrochromer Eigenschaften der Filme

In den Kapiteln 3.4. und 3.5. wurden die Eigenschaften der Koordinationspolymerfilme dargestellt, die Hexafluorophosphat als Gegenionen der komplexierten Metallionen enthalten. Es zeigte sich, dass die elektrochromen Effekte durch eine Oxidation der Polymerkette ausgelöst werden. Es wurde nun versucht, die Hexafluorophosphat-Gegenionen durch ebenfalls elektrochrome Anionen und Polyanionen zu ersetzen. Folgende Ziele wurden hierbei verfolgt:

- Erhöhung des Kontrastes;
- Verringerung der Schaltzeiten;
- Modifizierung des elektrochromen Farbwechsels.

Die Versuche wurden an Filmen des Zink-Komplexes von P-FL-TPY als Standardsystem durchgeführt.

3.6.1. Einbau von elektrochromen Anionen

Als Komponente, die redoxaktive Anionen bildet, wurde 2,2'-Azino-bis(3-ethylbenzothiazolin-6-sulfonsäure) (ABTS) ausgewählt. Das Diammoniumsalz der ABTS ist käuflich und kann durch Zugabe von Zn(II)-Ionen in das entsprechende Zinksalz überführt werden. Das ABTS-Dianion kann leicht oxidiert werden und geht hierbei von der neutralen in eine kationradikalische und dikationische Form über.[84-86] Durch die Oxidation wird das π-konjugierte System des ABTS-Moleküls verändert (Abb. 3.66). Von dem in der ersten Oxidationsstufe gebildeten Kationradikal wird das Radikal an das Stickstoffatom eines der beiden Benzothiazolringe übertragen. Wird ein weiteres Elektron entfernt, entsteht ein Dikation.

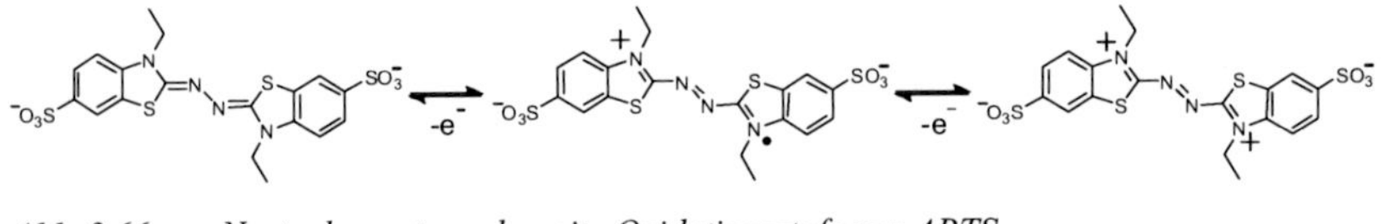

Abb. 3.66: *Neutrale, erste und zweite Oxidationsstufe von ABTS.*

Zunächst wurde die Elektrochromie von ABTS untersucht. Zu diesem Zweck wurden durch elektrostatische Schicht-für-Schicht-Adsorption Filme aus Polyallylamin-Hydrochlorid (PAH) und ABTS auf präparierten Quarz- und ITO-Trägern nach der in Kapitel 4.3. beschriebenen Methode hergestellt. Als Tauch- und Waschlösung diente ein Lösungsmittelgemisch aus MeOH/H_2O (7:3 v/v). Die Tauchzeiten lagen bei 5 min, die Konzentrationen von ABTS und PAH waren 0,01 molar. Abb. 3.67 zeigt die UV/Vis-Spektren der Filme nach 2 bis 12 Tauchzyklen. Die Absorption nimmt linear mit der Zahl n der Tauchzyklen zu. Die π-konjugierte Struktur des ABTS verursacht die Absorptionsmaxima bei 206, 236 und 347 nm und eine Schulter bei 260 nm. ABTS/PAH-Filme sind farblos.

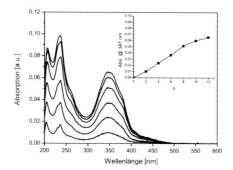

Abb. 3.67: UV/Vis-Spektren von ABTS/PAH-Filmen, gemessen nach unterschiedlicher Anzahl n von Tauchzyklen. Der Einsatz zeigt die Zunahme der Absorption bei 347 nm mit n.

Die auf ITO-Trägern hergestellten Filme wurden cyclovoltammetrisch untersucht (Abb. 3.68). Die anodische Oxidation weist zwei reversible Signale bei -0,025 und 0,4 V auf, die nachfolgende Reduktion findet bei 0,2 und -0,225 V statt. Mit der Oxidation ist ein reversibler farblos-blau-rot-Farbwechsel verbunden.

Abb. 3.69 zeigt eine spektroelektrochemische Untersuchung der ABTS/PAH-Filme. In der ersten Oxidationsstufe geht die UV-Bande bei 350 nm zurück und es entstehen eine Schulter bei 430 nm und drei eng beieinander liegende neue Banden bei 645, 750 und 865 nm, wodurch sich der Film blau färbt. In der zweiten Oxidationsstufe kommt es zu einer Rotfärbung. Parallel zum Rückgang der gebildeten Schulter bei 430 nm und der Banden bei 645, 750 und 865 nm bildet sich eine neue Bande mit Maximum bei 520 nm wodurch sich der Film rot färbt.

Ergebnisse und Diskussion

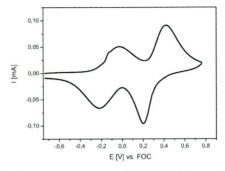

Abb. 3.68: Cyklovoltammogramm von ABTS/PAH-Filmen (12 Tauchzyklen) bei anodischer Oxidation.

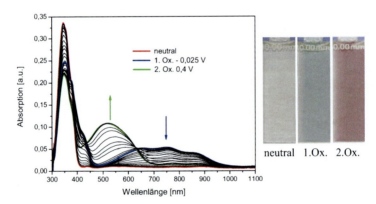

Abb. 3.69: Spektroelektrochemie von Multischichtfilmen aus ABTS und PAH. Die Fotos zeigen die Farben des Films im neutralen, ersten und zweiten oxidierten Zustand (12 Schichtpaare).

Um das Koordinationsvermögen des Zinksalzes von ABTS mit P-FL-TPY zu untersuchen, wurde die Polymerlösung mit ZnABTS titriert. Bei der Titration wird der Zink-Komplex des P-FL-TPY gebildet, die $ABTS^{2-}$-Ionen stellen die Gegenionen zu den komplexierten Zinkionen dar (Abb. 3.70).

Im Laufe der UV/Vis-Titration ist ein Rückgang der Banden bei 286 und 400 nm zu erkennen (Abb. 3.71). Es entstehen neue Banden bei 343 und 480 nm und eine Schulter bei 365 nm.

Die Lösung verfärbt sich von gelb nach rot-orange. Die Bildung der Absorptionsbanden bei 288 und 480 nm resultiert dabei aus der Koordination der Zinkmetallionen mit dem Polymer, wohingegen die Bande bei 343 nm und die Schulter bei 365 nm auf das ABTS zurückzuführen ist. Der Einfluss des zugegebenen Elektrolyten ist deutlich zu erkennen. Wegen der Größe des ABTS-Anions werden die mit Zink komplexierten P-FL-TPY-Ketten in Lösung anders zueinander orientiert sein. Dies kann den intramolekularen Ladungstransfer vom N-Atom in der Polymerhauptkette auf die TPY-Gruppe begünstigen. Aus diesem Grund liegt das Maximum, das aus der Koordination der Zn-Ionen mit dem Polymer resultiert, bei 480 nm (siehe auch Kapitel 3.3.1).

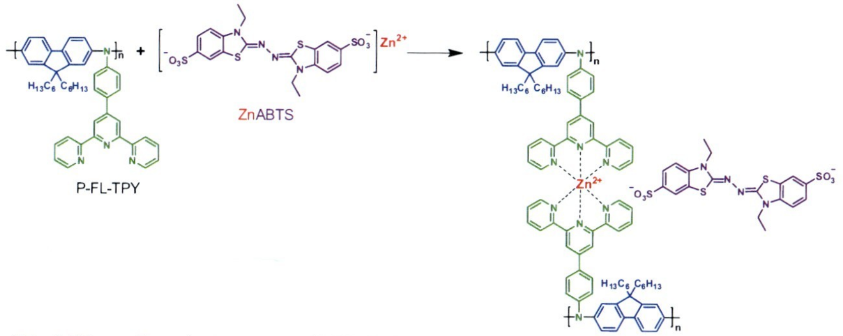

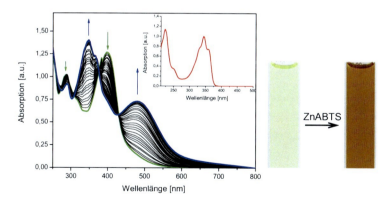

Abb. 3.70: *Komplexierung von P-FL-TPY mit ZnABTS.*

Abb. 3.71: *UV/Vis-Absorptionsspektren von P-FL-TPY (c = 1,22·10⁻⁶ monomol/l) in THF/Methanol (2:1 v/v) vor und nach Zugabe zunehmender Mengen an Zink-2,2'-Azino-bis(3-ethylbenzothiazolin-6-sulfonat) (c = 0,93·10⁻⁵ M) in THF/Methanol (2:1 v/v). Der Einsatz zeigt das UV/Vis-Spektrum des ABTS in THF/Methanol (2:1 v/v).*

Nun wurde versucht, durch Schicht-für-Schicht-Aufbau Koordinationspolymerfilme mit ABTS auf festen Trägern herzustellen. Der Schichtaufbau auf Quarzglas ist anhand von UV/Vis-Spektren in Abb. 3.72 dargestellt. Dabei wurde mit einer $5·10^{-3}$ molaren Lösung von ZnABTS in MeOH/THF/n-Hexan (2:1:1 v/v) und einer $5·10^{-4}$ monomolaren Lösung von P-FL-TPY in THF/n-Hexan (2:1 v/v) gearbeitet. Die Waschlösungen entsprachen den jeweils für die ZnABTS- und Polymerlösungen verwendeten Lösungsmittelgemischen. Die Tauchzeit betrug jeweils 5 min. Das UV/Vis-Spektrum des Koordinationspolymerfilms zeigt drei Maxima bei 290, 350 und 470 nm und ähnelt dem bei der Titration erhaltenen Spektrum des Polymer-Zn-Komplexes. Der Film ist gelborange gefärbt. Die Absorption bei 350 nm steigt linear mit der Zahl der übertragenen Doppelschichten an.

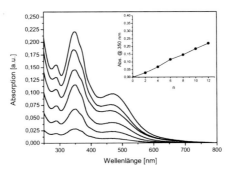

Abb. 3.72: UV/Vis-Spektren von ZnABTS/P-FL-TPY-Filmen, gemessen nach unterschiedlicher Anzahl n von Tauchzyklen. Der Einsatz zeigt die Zunahme der Absorption bei 350 nm mit n.

Das Cyclovoltammogramm der ZnABTS/P-FL-TPY-Filme (Abb. 3.73) zeigt eine erste und eine zweite Oxidationsstufe bei 0,22 und 0,64 V. Der Film wechselt dabei die Farbe von gelb über bräunlichgrau nach blau. Die Reduktion der zweiten Oxidationsstufe wird etwas von der Reduktion der ersten Oxidationsstufe überlagert. Es lässt sich ein Wendepunkt bei 0,38 V und schließlich ein Reduktionspeak bei 0,12 V feststellen.

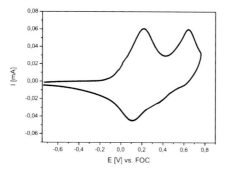

Abb. 3.73: Oxidativer voltammetrischer Zyklus eines Koordinationspolymerfilms aus P-FL-TPY und ZnABTS (12 Schichtpaare).

In Abb. 3.74 ist eine spektroelektrochemische Untersuchung an ZnABTS/P-FL-TPY-Filmen gezeigt. Vergleicht man die Spektren mit jenen $Zn(PF_6)_2$/P-FL-TPY- und ABTS/PAH-Filmen, erkennt man den Beitrag der ABTS-Gegenionen an den Farbwechseln. In der ersten Oxidationsstufe liegt dieser hauptsächlich im Anstieg der breiten Absorptionsbande oberhalb 600 nm, während bei der zweiten Oxidation eine Bande bei ca. 600 nm auftritt. Die erste Oxidation von P-FL-TPY macht sich am Rückgang der Banden im UV-Bereich und am Entstehen einer Schulter bei 545 nm bemerkbar. Es findet ein Farbwechsel nach bräunlichgrau statt. Bei der zweiten Oxidation verstärkt sich die zuvor auf ABTS zurückzuführende breite Bande oberhalb 500 nm, die sich bis in den nahen IR-Bereich erstreckt. Der Film färbt sich blau. Der für die zweite Oxidationsstufe von ABTS typische Rückgang dieser Bande wird von der Oxidation des Polymers kompensiert. ABTS und P-FL-TPY werden gleichzeitig in die erste und zweite Oxidationsstufe überführt, die Absorptionsbanden der beiden Stoffe ändern sich also gleichzeitig.

Der Farbwechsel hat sich also durch die Gegenwart von ABTS verändert.

Zur Bestimmung von Schaltzeit und Kontrast der Filme wurde die Absorptionsänderung bei 800 nm zwischen dem neutralen und dem voll oxidierten Zustand bei 0,64 V gemessen (Abb. 3.75). Für einen nach 22 Tauchzyklen erhaltenen, 88 nm dicken Film ergaben sich ein Kontrast von 33 % und eine Schaltzeit von 380 ms. Die Messung der Absorptionsänderung bei 630 nm ergab einen Kontrast von 24,7 %. Für einen $Zn(PF_6)_2$/P-FL-TPY-Film (12 Tauchzyklen, Dicke 54 nm) lag der Kontrast bei 14,5 %, gemessen bei 630 nm.

Ergebnisse und Diskussion

Vergleicht man diese Ergebnisse mit den bereits beschriebenen Ergebnissen der Zn(PF$_6$)$_2$/P-FL-TPY-Filme, ist eine Verringerung der Schaltzeit und ein Anstieg des Kontrasts bei 630 nm um 5,6 % festzustellen (Tab. 3.8). Das elektrochrome Schalten der Filme bleibt über eine längere Zeit konstant, was auf eine hohe Stabilität der Filme hindeutet. Die ersten zwanzig Schaltzyklen sind in Abb. 3.75 (links) dargestellt.

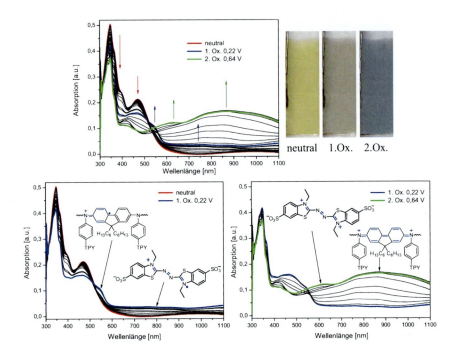

Abb. 3.74: Spektroelektrochemie von ZnABTS/P-FL-TPY-Filmen. Die Fotos zeigen die Farben des Films im neutralen und oxidierten Zustand. Die Diagramme unten zeigen die Einflüsse des ABTS und des Polymers auf die Absorptionsänderung in den einzelnen Oxidationsstufen.

Ergebnisse und Diskussion

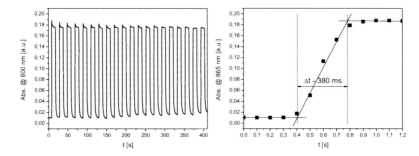

Abb. 3.75: Elektrochromes Schalten der Filme aus P-FL-TPY und ZnABTS. Links: Die ersten zwanzig Schaltzyklen; Rechts: Ein Schaltzyklus zur Bestimmung der Schaltzeit.

Tab. 3.8: Charakteristische Daten verschiedener elektrochromer P-FL-TPY-Filme.

	Tauchzyklen	Dicke [nm]	Δt [s]	Δ%T bei 800 nm	Δ%T bei 630 nm	Δ%T/nm bei 800 nm	Δ%T/nm bei 630 nm
ZnABTS/ P-FL-TPY	22	88,0	0,380	33	24,7	0,375	0,283
Zn(PF$_6$)$_2$/ P-FL-TPY	12	46,7	0,450	18	-	0,380	-
		54,0	-	-	14,5	-	0,268

Die Einführung von ABTS-Gegenionen in die Filme aus P-FL-TPY und Zn^{2+}-Metallionen hat eine Veränderung der elektrochromen Eigenschaften bewirkt. Die Ursache ist, dass ABTS und P-FL-TPY in oxidierter Form nicht die gleichen Farben besitzen. Während die Zn(PF$_6$)$_2$/P-FL-TPY-Filme mit zunehmendem Potential einen gelb-rot-blau-Wechsel zeigen, tritt bei den ZnABTS/P-FL-TPY-Filmen ein gelb-bräunlichgrau-blau-Farbumschlag ein. Durch die unterschiedlichen Farben beider Komponenten konnte der Kontrast allerdings nur wenig verstärkt werden. Die Schaltzeit der Filme hat sich dagegen verkürzt, vermutlich weil das Ersetzen der kleineren PF$_6$-Anionen durch ABTS zu einer Vergrößerung der Abstände zwischen den Polymerschichten führt, was die Mobilität der Ionen und Elektronen im Film erhöht.

Ergebnisse und Diskussion

3.6.2. Einbau von elektrochromen Polyanionen

Um den Kontrast der $Zn(PF_6)_2$/P-FL-TPY-Filme zu erhöhen und die Schaltzeit zu verkürzen, ohne den elektrochromen Farbwechsel des Films zu verändern, kam insbesondere der Einbau eines Polyanions in Frage, das dieselbe Hauptkettenstruktur wie P-FL-TPY hat. Um als Polyanion zu wirken, sollte das Polymer anstelle der Terpyridin-Liganden Sulfonat-Gruppen in der Seitenkette tragen. Die Struktur des Polyiminofluorenbenzolsulfonats (P-FL-BS) ist in Abb. 3.76 dargestellt.

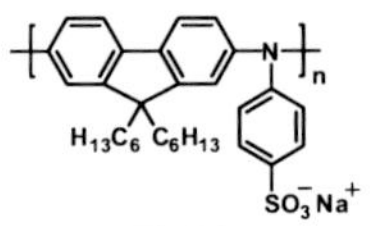

P-FL-BS

Abb. 3.76: *Struktur von Polyiminofluorenbenzolsulfonat (P-FL-BS).*

Genauere Angaben zur Synthese und Charakterisierung von P-FL-BS finden sich in Kapitel 4.4.7. Da die Fluoreneinheit mit zwei Hexylgruppen substituiert ist, führt die hierdurch erzeugte Hydrophobie zum Ausfallen des Produktes aus dem Reaktionsgemisch in *t*-Butanol. So konnte ein Oligomerengemisch mit einem Maximum beim Dimer erzeugt werden. P-FL-BS ist in polaren Lösungsmitteln wie Wasser und DMSO sehr gut löslich und weniger löslich in Methanol und Aceton.

Zur Untersuchung der Elektrochromie von P-FL-BS wurden zunächst Filme mit PAH durch elektrostatische Schicht-für-Schicht-Adsorption hergestellt. Als Tauch- und Waschlösung wurde ein Lösungsmittelgemisch von H_2O/MeOH (9:1 v/v) verwendet. Die Tauchzeiten lagen bei 10 min, die Konzentration von P-FL-BS war $5 \cdot 10^{-4}$ monomolar und die von PAH 0,01 monomolar. Abb. 3.77 zeigt die UV/Vis-Spektren der Filme nach 2 bis 12 Tauchzyklen. Die Spektren enthalten zwei Maxima bei 320 und 370 nm. Die Absorption bei 370 nm nimmt linear mit der Zahl n der Tauchzyklen zu. Die P-FL-BS/PAH-Filme sind farblos.

Ergebnisse und Diskussion

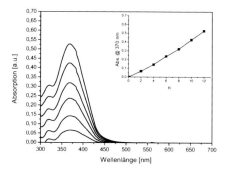

Abb. 3.77: *UV/Vis-Spektren von P-FL-BS/PAH-Filmen, gemessen nach unterschiedlicher Anzahl n von Tauchzyklen. Der Einsatz zeigt die Zunahme der Absorption bei 370 nm mit n.*

Das Cyclovoltammogramm der P-FL-BS/PAH-Filme auf ITO-Glas (Abb. 3.78) zeigt bei der anodischen Oxidation zwei reversible Signale bei 0,15 und 0,38 V, die nachfolgende Reduktion findet bei 0,25 und -0,03 V statt. Bei der Oxidation tritt ein Farbwechsel von farblos über dunkelrot nach blau auf.

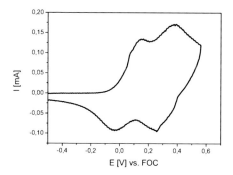

Abb. 3.78: *Cyclovoltammogramm eines P-FL-BS /PAH-Films (12 Tauchzyklen).*

Da PAH einen isolierenden Charakter hat, nimmt der elektrische Widerstand der P-FL-BS/PAH-Filme mit zunehmender Schichtzahl immer mehr zu. Als Folge davon nimmt die Intensität des elektrochromen Farbwechsels der P-FL-BS/PAH-Filme ab. Filme mit 12 Tauchzyklen zeigen eine deutlich schwächere Elektrochromie als die mit 4 Tauchzyklen.

Aus diesem Grund wurden die Filme mit 4 Tauchzyklen für die spektroelektrochemische Untersuchung verwendet.

Die in Abb. 3.79 gezeigte spektroelektrochemische Untersuchung der P-FL-BS/PAH-Filme zeigt bei der ersten Oxidation einen Anstieg der breiten Absorptionsbanden bei 500 und 750 nm. Die Absorption im UV-Bereich nimmt dabei ab. Die Farbe des Films wechselt nach dunkelrot. Bei der zweiten Oxidation steigt die Bande bei 750 nm weiter und verbreitert sich bis in den IR-Bereich. Das Entstehen eines isosbestischen Punktes bei 425 nm spricht für einen einheitlichen Farbwechsel bei beiden Oxidationsschritten.

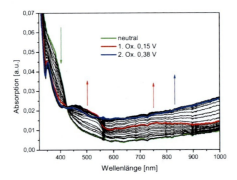

Abb. 3.79: *Spektroelektrochemie eines Multischichtfilms aus P-FL-BS und PAH (4 Tauchzyklen).*

Nun wurde versucht, P-FL-BS als elektrochromes Polyanion in die Koordinationspolymerfilme aus P-FL-TPY und Zn^{2+}-Metallionen einzubauen. Das Einbauprinzip ist in Abb. 3.80 dargestellt.

Das bei der Synthese des P-FL-BS gebildete Natriumsalz wurde zunächst durch Austausch der Na- gegen Zn(II)-Ionen in das entsprechende Zinksalz (P-FL-BS-Zn) überführt, um den Schichtaufbau mit P-FL-TPY über die koordinativen Zn-TPY-Wechselwirkungen zu erlauben. Da beide Polymere dieselbe Hauptkettenstruktur besitzen, sollte P-FL-BS nach dem gleichen Mechanismus wie P-FL-TPY anodisch oxidiert werden und dabei die gleichen Farbwechsel zeigen.

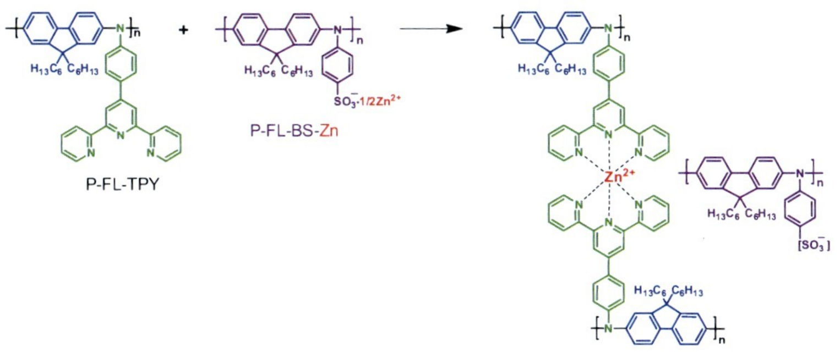

Abb. 3.80: Schematische Darstellung des Einbaus von P-FL-BS in die Koordinationspolymerfilme.

Der Schichtaufbau der Filme aus P-FL-TPY und P-FL-BS-Zn ist in Abb. 3.81 dargestellt. Es wurde mit einer $1 \cdot 10^{-3}$ monomolaren Lösung von P-FL-BS-Zn in Methanol und einer $5 \cdot 10^{-4}$ monomolaren Lösung von P-FL-TPY in THF/n-Hexan (1:1 v/v) gearbeitet. Die Waschlösungen entsprachen den für P-FL-TPY bzw. P-FL-BS-Zn verwendeten Lösungsmitteln. Die Tauchzeit betrug 10 min. Das Filmwachstum zeigte sich am Anstieg der Absorptionsbanden bei 355 und 466 nm und einer Schulter bei 380 nm, was auf die P-FL-BS-Struktur zurückzuführen ist. Die Farbe des Films war gelb.

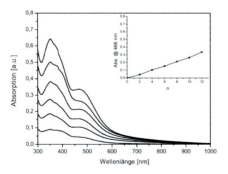

Abb. 3.81: UV/Vis-Spektren von P-FL-BS-Zn/P-FL-TPY-Filmen, gemessen nach unterschiedlicher Anzahl n von Tauchzyklen. Der Einsatz zeigt die Zunahme der Absorption bei 466 nm mit n.

Ergebnisse und Diskussion

Das Cyclovoltammogramm der P-FL-BS-Zn/P-FL-TPY-Filme in Abb. 3.82 zeigt einen reversiblen Prozess mit zwei Oxidationsstufen, die bei 0,25 und 0,45 V liegen. Die nachfolgende Reduktion hat ebenfalls zwei Signale bei 0,32 und 0,06 V. Durch die Einführung von P-FL-BS als Polyanion erniedrigen sich die Oxidationspotentiale der Koordinationspolymerfilme im Vergleich zu den $Zn(PF_6)_2$/P-FL-TPY-Filmen. Der Film wechselt die Farbe von gelb über dunkelrot nach blau, was auch das Ziel dieser Versuche war.

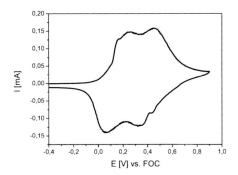

Abb. 3.82: *Oxidativer voltammetrischer Zyklus des Koordinationspolymerfilms aus P-FL-TPY und P-FL-BS-Zn (12 Tauchzyklen).*

Die Ergebnisse der spektroelektrochemischen Untersuchung der P-FL-BS-Zn/P-FL-TPY-Filme sind in Abb. 3.83 dargestellt. Im Vergleich zu den $Zn(PF_6)_2$/P-FL-TPY- und P-FL-BS/PAH-Filmen in Abb. 3.44 und 3.79 zeigt sich eine deutliche Veränderung, die durch die Anwesenheit von P-FL-BS als Gegenion verursacht wird. Der Einfluss des Polyanions drückt sich hauptsächlich im Anstieg der breiten Absorptionsbande mit Maximum bei 720 nm in der ersten Oxidationsstufe aus. Der Beitrag in der zweiten Oxidationsstufe liegt im weiteren Anstieg der Bande bei 720 nm und in der Absorptionszunahme im langwelligen Bereich. Die Veränderung des UV/Vis-Spektrums durch die erste Oxidation von P-FL-TPY macht sich am Rückgang der Banden im UV-Bereich und am Anstieg einer Schulter bei 545 nm bemerkbar. In der zweiten Oxidationsstufe steigt die Absorption bei 900 nm an, die sich bis in den nahen IR-Bereich ausbreitet. P-FL-BS und P-FL-TPY werden gleichzeitig in die erste und zweite Oxidationsstufe überführt, was durch die Existenz von isosbestischen Punkten bestätigt wird. Da die anodische Oxidation der beiden elektrochromen Stoffe nach demselben Mechanismus verläuft, P-FL-BS aber in der zweiten Oxidationstufe etwas tiefer gefärbt ist, weist der Farbwechsel in der Summe einen gelb-dunkelrot-blau-Übergang auf.

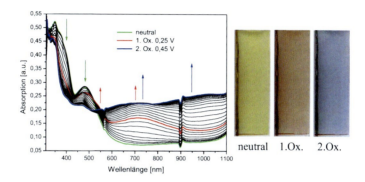

Abb. 3.83: *Spektroelektrochemie von ZnABTS/P-FL-TPY-Filmen. Die Fotos zeigen die Farben des Films im neutralen und oxidierten Zustand (24 Tauchzyklen).*

Schaltzeit und Kontrast der Filme wurden bei 800 nm zwischen dem neutralen und dem voll oxidierten Zustand bei 0,45 V gemessen (Abb. 3.84). Für einen 56 nm dicken Film, hergestellt durch 12 Tauchzyklen, ergab die Messung einen Kontrast von 27 % und eine Schaltzeit von 430 ms. Vergleicht man die in Tab. 3.9 aufgelisteten Ergebnisse mit den bereits bekannten Ergebnissen der $Zn(PF_6)_2$/P-FL-TPY-Filme in Tab. 3.3, ist eine Erhöhung des Kontrastes um 26 % festzustellen. Das elektrochrome Schalten der Filme bleibt über eine längere Zeit konstant. Die ersten neunzehn Schaltzyklen sind in Abb. 3.84 (links) dargestellt. Sie zeigen eine gute Stabilität der Filme. Die Schaltzeit ist mit 430 ms (Abb. 3.84, rechts) gegenüber den $Zn(PF_6)_2$/P-FL-TPY-Filmen um 4,5 % verringert.

Ergebnisse und Diskussion

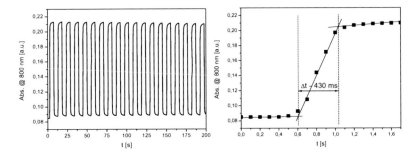

Abb. 3.84: *Elektrochromes Schalten der Filme aus P-FL-TPY und P-FL-BS-Zn. Links: Die ersten neunzehn Schaltzyklen; Rechts: Ein Schaltvorgang zur Bestimmung der Schaltzeit.*

Tab. 3.9: *Charakteristische Daten der P-FL-BS-Zn/P-FL-TPY-Filme.*

	Tauchzyklen	Dicke [nm]	Δt [s]	$\Delta\%T$ bei 800 nm	$\Delta\%T/nm$
P-FL-BS-Zn/ P-FL-TPY	12	56	0,430	27	0,48

Die Untersuchung zeigt, dass durch Einführung von P-FL-BS als Gegenion in die Filme aus P-FL-TPY und Zn^{2+}-Metallionen eine Verbesserung der elektrochromen Eigenschaften der Filme verursacht wird. Da die Oxidation der beiden Polymere mit dem gleichen gelb-rot-blau-Farbwechsel stattfindet, ist es möglich den Kontrast der Filme zu erhöhen. Gleichzeitig wird eine Verkürzung der Schaltzeit erreicht.

3.7. Farbwechsel bei Behandlung mit Säuren

Die untersuchten Polyiminoarylene zeigen bei Zugabe einer Säure in Lösung einen ausgeprägten Farbwechsel. Die Farbänderung tritt sowohl in einem organischen Lösungsmittel als auch in den Koordinationspolymerfilmen auf. Die Zugabe einer Säure zu einer Polymerlösung kann sowohl zur Protonierung des Stickstoffs in der Polymerkette als auch zur Abgabe eines Elektrons von einem zu oxidierenden Stickstoffatom der Polymerkette führen. Der Farbumschlag ist stets von einer Löschung der Fluoreszenz des Polymers begleitet.

In diesem Kapitel wird der Farbwechsel der terpyridinhaltigen Polymere P-FL-TPY und P-BocDA-TPY quantitativ analysiert. Als Säuren wurden Trifluoressigsäure (TFES), Methansulfonsäure (MSS) und Salpetersäure (HNO_3) verwendet. Für die Rückreaktion wurde Triethylamin (TEA) als Base ausgewählt.

3.7.1. P-FL-TPY

Verhalten des Polymers in der Lösung

Die Zugabe von TFES zu einer Lösung von P-FL-TPY in Toluol verursacht einen intensiven Farbumschlag von hellgelb nach dunkelrot (Abb. 3.85a). Die blaue Fluoreszenz (in Toluol) wird dabei vollständig gelöscht (Abb. 3.85b). Der Prozess ist reversibel, durch Zugabe von Triethylamin verschiebt sich das Gleichgewicht zugunsten der Ausgangsform, wobei die Lösung wieder hellgelb erscheint und die Fluoreszenz wieder entsteht.

Eine quantitative Analyse dieser Effekte wurde mittels UV/Vis- und Fluoreszenztitration durchgeführt. Das UV/Vis-Spektrum der Polymerlösung in Abb. 3.86a weist eine charakteristische Bande bei 418 nm auf. Die Zugabe von TFES verursacht eine Abnahme dieser Bande. Wird die Polymerlösung weiter schrittweise mit TFES versetzt, entstehen zwei zusätzliche Banden bei 350 und 500 nm. Dabei ändert sich die Farbe der Lösung von hellgelb nach dunkelrot. Eine Rücktitration mit TEA in Abb. 3.86b zeigt die Reversibilität der Farbumwandlung. Bei der Zugabe zunehmender Mengen an TEA wird das Ausgangsspektrum des P-FL-TPY vollständig zurückerhalten. Die Farbe der Lösung ändert sich wieder nach hellgelb. Es ist auch zu erkennen, dass die Spektren bei unterschiedlichen

Konzentrationen der Säure als auch der Base in der Polymerlösung drei isosbestische Punkte bei 330, 369 und 443 nm aufweisen. Das spricht für die Einstufigkeit des Umwandlungsprozesses.

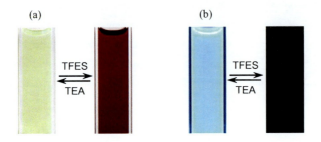

Abb. 3.85: Reversible Änderung der Absorption (a) und der Fluoreszenz (b) von P-FL-TPY in Toluollösung durch Zugabe von TFES und TEA.

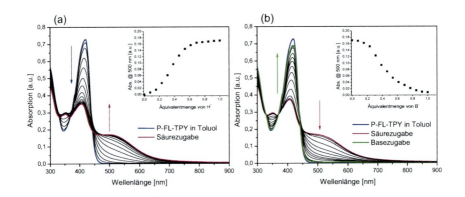

Abb. 3.86: (a) UV/Vis-Absorptionsspektren von P-FL-TPY in Toluol (c = $1{,}83 \cdot 10^{-5}$ monomol/l) vor und nach Zugabe zunehmender Mengen an Trifluoressigsäure. (b) Rücktitration mit Triethylamin. Die Einsätze zeigen die Absorption als Funktion der Äquivalentmenge von Säure (a) und Base (b).

Abb. 3.87a zeigt die Löschung der blauen Fluoreszenz des Polymers mit Maximum bei 470 nm bei der schrittweisen Zugabe von TFES. Bei der Rücktitration mit TEA wird das

Polymer wieder in die Ausgangsform überführt, wobei die Fluoreszenz mit voller Intensität wieder entsteht (Abb. 3.87b).

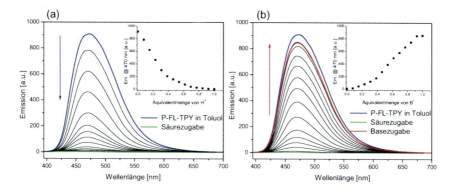

Abb. 3.87: (a) Fluoreszenzspektren von P-FL-TPY in Toluol (c = $1,83 \cdot 10^{-5}$ monomol/l) vor und nach Zugabe zunehmender Mengen an Trifluoressigsäure. (b) Rücktitration mit Triethylamin. Die Einsätze zeigen die Emission als Funktion der Äquivalentmenge von Säure (a) und Base (b).

Sowohl die farbliche Änderung der Absorption als auch die Löschung der Fluoreszenz sind für P-FL-TPY nach Zugabe des einfachen Äquivalents an Säure (bezogen auf Monomereinheit des Polymers) abgeschlossen. Die Rückreaktion ist ebenfalls nach Zugabe des einfachen Äquivalents an Base beendet.

Als Reaktion sind zwei chemische Prozesse grundsätzlich denkbar. In erster Linie ist eine Protonierung[87,88] des Polymers nach Abb. 3.88 möglich. In zweiter Linie ist auch eine chemische Oxidation der Stickstoffatome in der Polymerkette nach Abb. 3.89 denkbar.

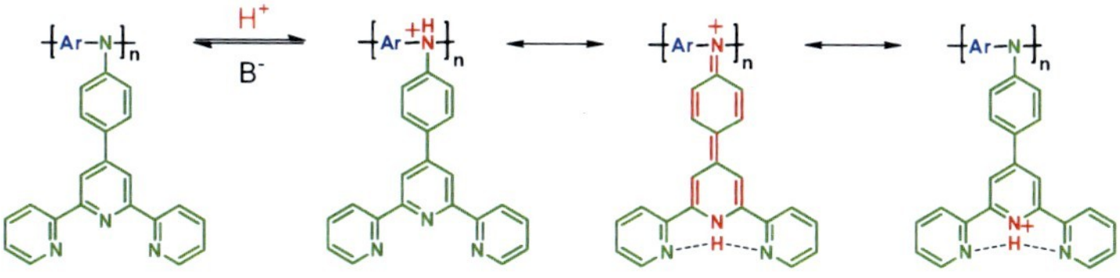

Abb. 3.88: Hypothetischer Mechanismus der Protonierung von TPY-haltigen Polyiminoarylene.

Im Falle einer Protonierung ist außer der Protonierung der N-Atome der Polymerkette noch eine Protonierung der TPY-Liganden denkbar. Nach welchem Mechanismus die Protonierung verläuft und was genau die erwähnten Änderungen der Absorption und der Fluoreszenz verursacht, ist allerdings unklar. Die Protonierung der N-Atome der Polymerkette kann nur einstufig verlaufen, außerdem kann sie keine Änderung der Absorption verursachen, da keine Ladungsübertragung über die Polymerkette stattfinden kann. Die Protonierung der TPY-Liganden ist weniger wahrscheinlich, da P-FL-TPY in den Koordinationspolymerfilmen bei Zugabe einer Säure die Farbe ändert (siehe unten: Verhalten des Polymers im Koordinationspolymerfilm). Ansonsten, ist eine Dissoziation der Säure und somit auch die Protonierung des Polymers eher unwahrscheinlich, da die chemische Reaktion nur in unpolaren organischen Lösungsmitteln stattfindet.

Im Falle der chemischen Oxidation führt die Zugabe einer Säure zur P-FL-TPY-Lösung zur Abgabe eines Elektrons von einem zu oxidierenden Stickstoffatom der Polymerkette (Abb. 3.89), wobei ein Kationradikal gebildet wird. Das Radikal wird teilweise über die benachbarte Arylgruppe delokalisiert (siehe auch Kapitel 3.5.1), was zur Farbänderung führt. Eine zweite Oxidationsstufe mit Bildung eines Dikations ist ebenfalls möglich. Die Titration mit TFES zeigt aber, dass nur ein Äquivalent Säure verbraucht wird. Dies bedeutet, dass nur ein Stickstoffatom pro Monomereinheit des Polymers oxidiert wird. Das Polymer wird also nur bis zur ersten Oxidationsstufe oxidiert.

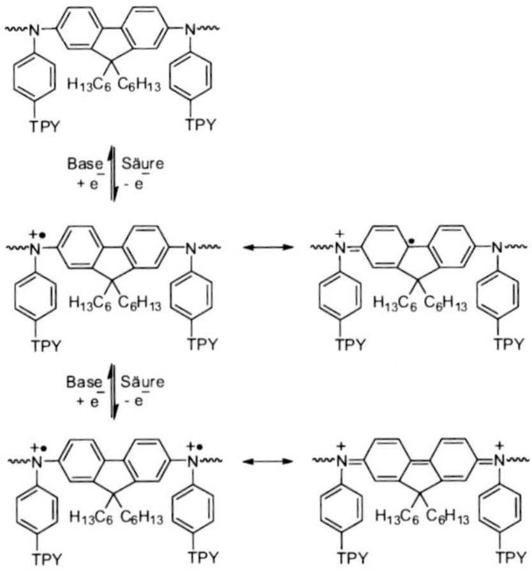

Abb. 3.89: *Erste und zweite Oxidationsstufe von P-FL-TPY bei einer chemischen Oxidation.*

Die chemische Oxidation von P-FL-TPY mit Methansulfonsäure (MSS) verursacht dagegen zwei Farbwechsel der Polymerlösung von hellgelb nach rot und von rot nach violett (Abb. 3.90).

Für die chemische Oxidation von P-FL-TPY mit MSS wurde eine Polymerlösung in Dichlormethan angesetzt, da MSS sich schlecht mit Toluol vermischt und eine Trübung der Lösung verursacht. Das UV/Vis-Spektrum von P-FL-TPY in Dichlormethan weist drei charakteristische Banden bei 240, 277 und 400 nm (Abb. 3.91a) auf. Durch die Zugabe des einfachen Äquivalents an Säure (bezogen auf eine Monomereinheit des Polymers) wird das Polymer in die erste Oxidationsstufe überführt, wobei sich die Polymerlösung rot färbt (Abb. 3.90). Der Farbwechsel verursacht eine Abnahme der Bande bei 400 nm und eine hypsochrome Verschiebung nach 382 nm. Drei neue Absorptionsbanden mit Maxima bei 290, 330 und 500 nm werden gebildet. Die Zugabe von MSS (Abb. 3.91b) im Überschuss verursacht eine weitere Veränderung der UV/Vis-Spektren, was auf eine weitere Oxidation des Polymers hindeutet. Die Banden bei 290, 330 und 500 nm nehmen weiter zu. Die Absorption bei 382 nm nimmt teilweise ab und verschiebt sich nach 374 nm. Eine Schulter bei 540 nm wird gebildet und die langwellige Absorption ab 630 nm nimmt leicht zu. Die Lösung erscheint in der zweiten Oxidationsstufe violett (Abb. 3.90). Die Änderung der Absorption ist nach Zugabe des 255-fachen Äquivalents an MSS (bezogen auf die Monomereinheit des Polymers) abgeschlossen.

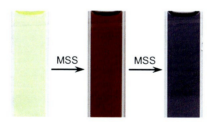

Abb. 3.90: *Änderung der Absorption von P-FL-TPY in einer Dichlormethanlösung durch Zugabe von Methansulfonsäure.*

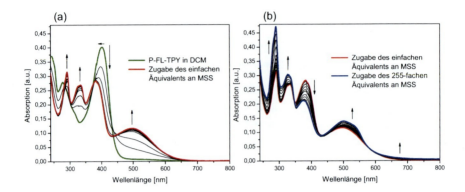

Abb. 3.91: UV/Vis-Absorptionsspektren von P-FL-TPY in Dichlormethan ($c = 4{,}58 \cdot 10^{-6}$ monomol/l) vor und nach Zugabe zunehmender Mengen an Methansulfonsäure. (a) Zugabe des einfachen Äquivalents an MSS; (b) Überschüssige Zugabe an MSS.

Wie gezeigt wurde, ist die chemische Oxidation von P-FL-TPY zweistufig. Dies ist mit dem Mechanismus nach Abb. 3.89 erklärbar. In der ersten Oxidationsstufe wird das Kationradikal unter Rotfärbung gebildet, in der zweiten Stufe tritt Oxidation eines benachbarten N-Atoms auf, wobei ein Dikation mit chinoider Struktur der Fluoren-Einheit gebildet wird, was die violette Farbe verursacht.

Bei der chemischen Oxidation mit Salpetersäure wechselt die P-FL-TPY-Lösung die Farbe von hellgelb über rot nach olivgrün (Abb. 3.92).

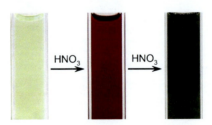

Abb. 3.92: Änderung der Absorption von P-FL-TPY in Dichlormethanlösung durch Zugabe von Salpetersäure.

Die UV/Vis-Titration mit der Salpetersäure ist in Abb. 3.93 dargestellt. Der Titrationsverlauf ist kompliziert. Das UV/Vis-Spektrum von P-FL-TPY in Dichlormethan weist drei charakteristische Banden bei 240, 277 und 400 nm auf (Abb. 3.93a). Schon die Zugabe des 0,23-fachen Äquivalents an HNO_3 (bezogen auf die Monomereinheit des Polymers) verursacht eine starke Abnahme der Bande bei 400 nm. Zwei neue Banden bei 500 und 535 nm werden gebildet. Die Farbe der Lösung wechselt nach rot. Die Zugabe des einfachen Äquivalents an Säure verursacht die Bildung neuer Absorptionsbanden bei 290, 330, 370 und 468 nm, die Lösung bleibt dabei rot. Durch die überschüssige Zugabe von HNO_3 (bis zum 320-fachen Äquivalent) wird die Gestalt der UV/Vis-Spektren weiter verändert (Abb. 3.93b). Die Bande mit Maximum bei 270 nm nimmt sehr stark zu. Die Absorption zwischen 570 und 700 nm wird ganz leicht erhöht. Daneben wird die Position anderer Banden hypsochrom nach 325, 368 und 450 nm verschoben. Die Farbe der Lösung ändert sich von rot nach olivgrün.

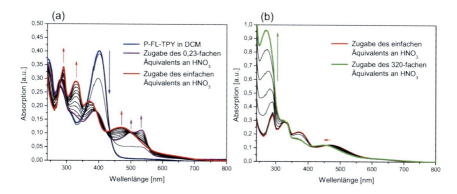

Abb. 3.93: *UV/Vis-Absorptionsspektren von P-FL-TPY in Dichlormethan ($c = 4,58 \cdot 10^{-6}$ monomol/l) vor und nach Zugabe zunehmender Mengen an Salpetersäure. (a) Zugabe des einfachen Äquivalents an HNO_3; (b) Überschüssige Zugabe an HNO_3.*

Eine genaue Analyse der einzelnen Oxidationsstufen ist in diesem Fall schwierig. Das UV/Vis-Spektrum nach Zugabe des einfachen Äquivalents an HNO_3 ist allerdings mit den Spektren nach Zugabe des einfachen Äquivalents an TFES und an MSS vergleichbar. Die Farben der Polymerlösungen sind ebenfalls gleich. Es lässt sich daraus schließen, dass P-FL-TPY an diesem Punkt in der ersten Oxidationsstufe vorliegt (Abb. 3.89). Die Bildung der Absorptionsbanden bei 535 und 270 nm ist aber auf mögliche Nebenreaktionen des

Polymers mit der Salpetersäure zurückzuführen. Das Auftreten der Bande bei 270 nm kann zum Beispiel auf die Bildung einer aromatischen Nitroverbindung neben der chemischen Oxidation hindeuten.

Verhalten des Polymers im Koordinationspolymerfilm
In den Koordinationspolymerfilmen mit Metallionen kann P-FL-TPY ebenfalls chemisch oxidiert werden. Durch das Tauchen des mit $Zn(PF_6)_2$/P-FL-TPY beschichteten Substrates in 5%-ige TFES in Toluol wird der Film oxidiert. Die Farbe des Films wechselt dabei von gelb nach rot (Abb. 3.94 rechts). Der Film wird wieder reduziert, wenn man das Substrat in einer verdünnten TEA-Lösung oder auch in reinem Lösungsmittel spült. Die Farbe des Films wird wieder gelb.

Der reversible Farbwechsel zeigt sich auch an den UV-Spektren. Das UV/Vis-Spektrum des $Zn(PF_6)_2$/P-FL-TPY-Films weist drei charakteristische Banden bei 330, 380 und 450 nm auf (Abb. 3.94 links). Durch die chemische Oxidation findet eine bathochrome Verschiebung der Banden statt und neue Banden werden gebildet. Das Spektrum des Films im oxidierten Zustand zeigt drei Maxima bei 345, 390 und 483 nm und eine Schulter bei 550 nm. Die bathochrome Verschiebung der Bande bei 450 nm ist am stärksten ausgeprägt und beträgt 33 nm. Die nachfolgende Reduktion in 5%-iger TEA-Lösung bringt das Spektrum in die ursprüngliche Form zurück. Die Reversibilität der chemischen Oxidation im Koordinationspolymerfilm wurde untersucht, indem ein mit $Zn(PF_6)_2$/P-FL-TPY beschichtetes Substrat zunächst in 5%-iger Trifluoressigsäure in Toluol oxidiert und danach wieder in 5%-igem Triethylamin in Toluol reduziert wurde. Der Vorgang wurde dreimal wiederholt. Der Prozess ist reversibel, es findet keine Ablösung des Films statt.

Ergebnisse und Diskussion

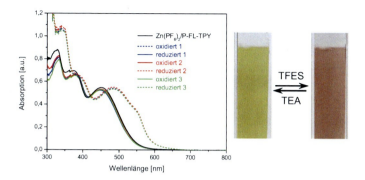

Abb. 3.94: *Reversible chemische Oxidation von $Zn(PF_6)_2$/P-FL-TPY-Filmen in Trifluoressigsäure (5%-ige Lösung in Toluol). Die Fotos zeigen Farben des Films im oxidierten und reduzierten Zustand.*

Der gleiche Versuch wurde mit Salpetersäure als Oxidationsmittel durchgeführt. Durch die Oxidation des $Zn(PF_6)_2$/P-FL-TPY-Films mit 5%-iger Lösung von HNO_3 in Dichlormethan wechselt die Farbe des Films von gelb über rot sehr schnell nach grünlichblau (Abb. 3.95 rechts). Der Farbwechsel von gelb nach grünlichblau wurde mittels UV/Vis-Spektroskopie untersucht. Das UV/Vis-Spektrum des $Zn(PF_6)_2$/P-FL-TPY-Films weist die charakteristischen Banden bei 330, 380 und 450 nm auf (Abb. 3.95 rechts). Durch die Oxidation mit HNO_3 wird die Gestalt des Spektrums verändert. Im oxidierten Zustand weist das Spektrum Maxima bei 300 und 410 nm und eine breite Absorption mit Maximum bei 780 nm auf. Der Film lässt sich reversibel mit 5%-iger TEA-Lösung reduzieren. Das Spektrum des reduzierten Films hat allerdings eine etwas veränderte Form.

Die chemische Oxidation der P-FL-TPY-Filme mit Metallionen verläuft nach dem in Abb. 3.89 beschriebenen Mechanismus. Durch die Oxidation mit TFES wird aber nur die erste Oxidationsstufe erreicht. Die zweite Oxidationsstufe mit Bildung des Dikations chinoider Struktur wird durch die Oxidation mit HNO_3 erreicht.

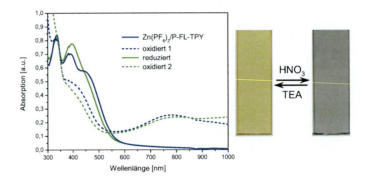

Abb. 3.95: *Reversible chemische Oxidation von Zn(PF$_6$)$_2$/P-FL-TPY-Filmen in Salpetersäure (5%-ige Lösung in Dichlormethan). Die Fotos zeigen die Farben des Films im oxidierten und reduzierten Zustand.*

Die durchgeführten Untersuchungen zeigen, dass P-FL-TPY sowohl in der Lösung als auch in den Koordinationspolymerfilmen mit Metallionen chemisch oxidiert werden kann. Je nach Säure bzw. Stärke des Oxidationsmittels kann das Polymer entweder nur bis zur ersten Oxidationsstufe oder vollständig oxidiert werden.

3.7.2. P-BocDA-TPY

Verhalten des Polymers in der Lösung

Durch die Zugabe von TFES zu einer Lösung von P-BocDA-TPY wird das Polymer ebenfalls chemisch oxidiert. Die Farbe wird wie bei P-FL-TPY von beige nach dunkelrot verändert, die Fluoreszenz wird vollständig gelöscht (Abb. 3.96). Der Oxidationsprozess ist ebenfalls reversibel. Nach der Zugabe von TEA erscheint die Lösung wieder beige und die Fluoreszenz entsteht wieder.

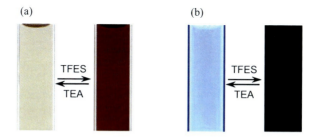

Abb. 3.96: *Reversible Änderung der UV-Absorption (a) und der Fluoreszenz (b) von P-BocDA-TPY in Toluollösung bei Zugabe von TFES und TEA.*

Die UV/Vis-Titration von P-BocDA-TPY mit TFES ist in Abb. 3.97a dargestellt. Das UV/Vis-Spektrum des Polymers in Toluol weist zwei charakteristische Banden bei 290 und 370 nm auf. Die Zugabe von TFES verursacht eine Abnahme dieser Banden und eine hypsochrome Verschiebung der Bande bei 370 nm nach 340 nm. Eine neue Absorptionsbande mit Maximum bei 477 nm entsteht im Laufe der Titration. Die Farbe der Lösung wechselt von beige nach dunkelrot. Bei Zugabe des einfachen Äquivalents an TFES (bezogen auf eine Monomereinheit des Polymers) in die Polymerlösung findet keine weitere Änderung der Absorptionsspektren statt, die chemische Oxidation des Polymers mit Trifluoressigsäure ist damit abgeschlossen. Die Rücktitration mit TEA weist die Reversibilität des Prozesses nach (Abb. 3.97b). Im Laufe der Rücktitration wird die Absorption bei 477 nm komplett zurückgebildet. Die Bande bei 340 nm nimmt an Intensität wieder zu und verschiebt sich bathochrom nach 370 nm. Die Reduktion ist ebenfalls nach Zugabe des einfachen Äquivalents an TEA (bezogen auf eine Monomereinheit des Polymers) abgeschlossen.

Ergebnisse und Diskussion

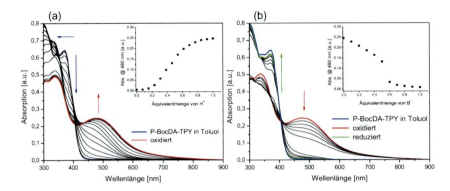

Abb. 3.97: (a) UV/Vis-Absorptionsspektren von P-BocDA-TPY in Toluol (c = $1,35 \cdot 10^{-5}$ monomol/l) vor und nach Zugabe zunehmender Mengen an Trifluoressigsäure. (b) Rücktitration mit Triethylamin. Die Einsätze zeigen die Absorption als Funktion der Äquivalentmenge von Säure (a) und Base (b).

Die Löschung der Fluoreszenz während der chemischen Oxidation wurde mittels einer Fluoreszenztitration untersucht (Abb. 3.98). Die blaue Fluoreszenz mit Maximum bei 456 nm wird durch die Zugabe des einfachen Äquivalents an TFES vollständig gelöscht (Abb. 3.98a). Durch Zugabe von TEA verschiebt sich das Gleichgewicht zugunsten der reduzierten Form, wobei die Fluoreszenz in nahezu voller Intensität wieder entsteht (Abb. 3.98b).

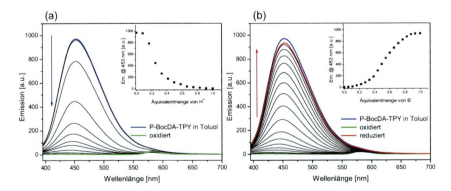

Abb. 3.98: (a) Fluoreszenzspektren von P-BocDA-TPY in Toluol (c = $1,35 \cdot 10^{-5}$ monomol/l) vor und nach Zugabe zunehmender Mengen an Trifluoressigsäure. (b) Rücktitration mit Triethylamin. Die Einsätze zeigen die Emission als Funktion der Äquivalentmenge von Säure (a) und Base (b).

Wie bei P-FL-TPY tritt auch bei P-BocDA-TPY eine chemische Oxidation der Polymerkette ein, deren Mechanismus in Abb. 3.99 dargestellt ist. Zwei Oxidationsstufen mit Bildung eines Kationradikals und des Dikations sind möglich (siehe auch Kapitel 3.5.6).

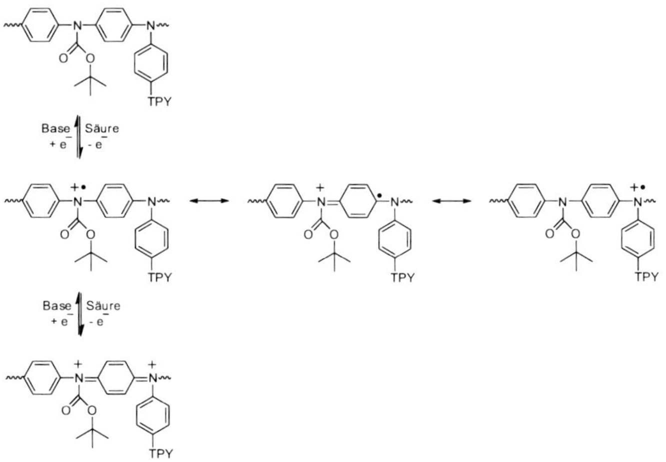

Abb. 3.99: *Mechanismus der chemischen Oxidation von P-BocDA-TPY.*

Durch die Oxidation mit TFES wird die erste Oxidationsstufe des P-BocDA-TPY erreicht. Die durchgeführten Titrationen deuten auf eine hohe Reversibilität des Oxidationsprozesses. Die zweite Oxidationsstufe mit Bildung des Dikations mit chinoider Struktur wird wegen des zu geringen Oxidationspotentials der TFES nicht erreicht.

Die chemische Oxidation von P-BocDA-TPY mittels Methansulfonsäure verursacht zwei Farbwechsel von beige nach rotorange und von rotorange nach dunkelgelbgrün (Abb. 3.100). Die UV/Vis-Titration der Polymerlösung mit Methansulfonsäure ist in Abb. 3.101 dargestellt. Das UV/Vis-Spektrum von P-BocDA-TPY in Dichlormethan mit Absorptionsmaxima bei 245, 288 und 357 nm wird durch die Zugabe der Säure verändert. Das UV/Vis-Spektrum weist nach Zugabe des einfachen Äquivalents an MSS Banden bei 290, 325 und 455 nm auf (Abb. 3.101a). Die Polymerlösung erscheint dabei rotorange. Wie auch bei den in Abb. 3.91 und 3.97 gezeigten Titrationen lässt sich schließen, dass das Polymer an diesem Punkt in der ersten Oxidationsstufe vorliegt. Durch die Zugabe der 4-fachen Äquivalentmenge an MSS verschiebt sich die neu gebildete Bande bei 455 nm hypsochrom um 35 nm nach 420 nm (Abb. 3.101b). Die Farbe der Lösung bleibt unverändert. Die Zugabe von MSS im

Überschuss (203-fache Äquivalentmenge) führt zum Anstieg einer Absorption ab 700 nm. Die Farbe der Polymerlösung wechselt nach dunkelgelbgrün. Die Steigerung der langwelligen Absorption deutet auf die Überführung von P-BocDA-TPY in die zweite Oxidationsstufe hin (siehe auch Kapitel 3.5.6), in der ein Dikation chinoider Struktur gebildet wird (Abb. 3.99). Da das System sich nicht reversibel mit einer Base reduzieren lässt, ist eine Abspaltung der Boc-Schutzgruppe neben der chemischen Oxidation denkbar.

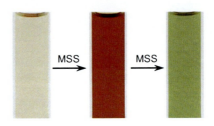

Abb. 3.100: *Änderung der Absorption von P-BocDA-TPY in Dichlormethanlösung durch Zugabe von Methansulfonsäure.*

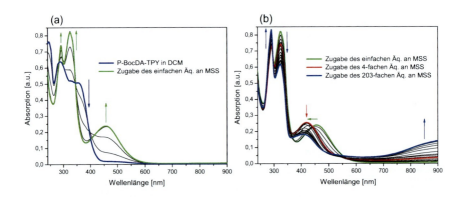

Abb. 3.101: *UV/Vis-Absorptionsspektren von P-BocDA-TPY in Dichlormethan ($c = 1{,}05 \cdot 10^{-5}$ monomol/l) vor und nach Zugabe zunehmender Mengen an Methansulfonsäure. (a) Zugabe des einfachen Äquivalents an MSS; (b) Überschüssige Zugabe an MSS.*

Während der chemischen Oxidation mit Salpetersäure treten ebenfalls zwei Farbwechsel von beige nach rot und von rot nach bräunlich-olivgrün auf (Abb. 3.102). Die UV/Vis-Titration der Polymerlösung mit der Salpetersäure ist in Abb. 3.103 zu sehen. Das UV/Vis-Spektrum

Ergebnisse und Diskussion

von P-BocDA-TPY in Dichlormethan weist Banden bei 245, 288 und 357 nm auf. In der ersten Oxidationsstufe erscheint die Polymerlösung rot, was auch die Änderung des UV/Vis-Spektrums verursacht. Das UV/Vis-Spektrum des Polymers in der ersten Oxidationsstufe hat drei Maxima bei 290, 325 und 465 nm (Abb. 3.103a). In der zweiten Oxidationsstufe steigt die langwellige Absorption ab 550 nm an und bei 277 nm wird eine Bande gebildet (Abb. 3.103b). Die Farbe der Lösung ändert sich von rot nach bräunlich-olivgrün. Die Bildung der Bande bei 277 nm ist wahrscheinlich auf eine irreversible Nebenreaktion des Polymers mit Salpetersäure zurückzuführen (siehe auch Kapitel 3.7.1).

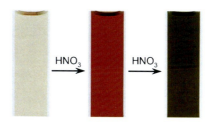

Abb. 3.102: *Änderung der Absorption von P-BocDA-TPY in Dichlormethanlösung durch Zugabe von Salpetersäure.*

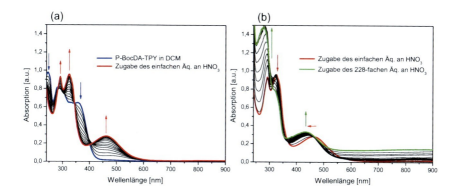

Abb. 3.103: *UV/Vis-Absorptionsspektren von P-BocDA-TPY in Dichlormethan ($c = 1,36 \cdot 10^{-5}$ monomol/l) vor und nach Zugabe zunehmender Mengen an Salpetersäure. (a) Zugabe des einfachen Äquivalents an HNO_3; (b) Überschüssige Zugabe an HNO_3.*

Verhalten des Polymers im Koordinationspolymerfilm

Die chemische Oxidation von P-BocDA-TPY wurde ebenfalls im Koordinationspolymerfilm mit Zinkionen untersucht. Beim Tauchen des mit $Zn(PF_6)_2$/P-BocDA-TPY beschichteten Substrates in eine 5%-ige Lösung von TFES in Toluol ändert sich die Farbe des Films von zitronengelb nach hellgelb (Abb. 3.104 rechts). Der Film wird blassorange, wenn man das Substrat in einer verdünnten TEA-Lösung oder in reinem Lösungsmittel spült. Neben der chemischen Oxidation der Polymerkette von P-BocDA-TPY findet noch die Abspaltung der Boc-Schutzgruppe (siehe auch Kapitel 3.4.8.) im Koordinationspolymerfilm statt.

Der beobachtete Farbwechsel wird von einer Änderung der UV/Vis-Spektren begleitet. Die Absorptionsbande bei 446 nm wird durch die Oxidation hypsochrom nach 420 nm verschoben (Abb. 3.104 links). Da die Boc-Gruppe während der chemischen Oxidation des Koordinationspolymerfilms abgespalten wird, geht die Bande bei 420 nm bei der Reduktion nicht mehr in die ursprüngliche Position (446 nm) zurück, sondern ist bathochrom nach 462 nm verschoben. Die gute Reversibilität der chemischen Oxidation des Zn-P-DA-TPY-Polymerfilms mit Trifluoressigsäure wurde bestätigt, indem der Film dreimal oxidiert und nachfolgend reduziert wurde. Das Experiment wurde in einer 5%-igen TFES-Lösung und einer 5%-igen TEA-Lösung in Toluol durchgeführt.

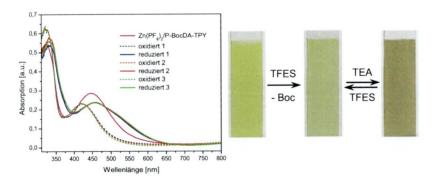

Abb. 3.104: Chemische Oxidation von $Zn(PF_6)_2$/P-BocDA-TPY-Filmen in Trifluoressigsäure (5%-ige Lösung in Toluol). Die Fotos zeigen die Farben des Films im oxidierten und reduzierten Zustand.

Durch das Tauchen des mit dem Koordinationspolymerfilm beschichteten Substrates in die Lösung von TFES wird die Schutzgruppe abgespalten (Abb. 3.105). Das vorher mit der Boc-Gruppe geschützte N-Atom trägt nach der Abspaltung nur einen Wasserstoff als Substituenten. Dies macht den Stickstoff leichter oxidierbar als die benachbarten N-Atome, die TPY-Liganden als Substituenten tragen. Aus diesem Grund wird parallel zur Boc-Abspaltung ein Elektron von dem vorher geschützten N-Atom abgegeben. Durch die Zugabe von TFES wird P-DA-TPY sowohl im Koordinationspolymerfilm als auch in Lösung nur bis zur ersten Oxidationsstufe oxidiert. Wird das Substrat in Triethylaminlösung gewaschen, verschiebt sich das Gleichgewicht wieder zugunsten der reduzierten Form.

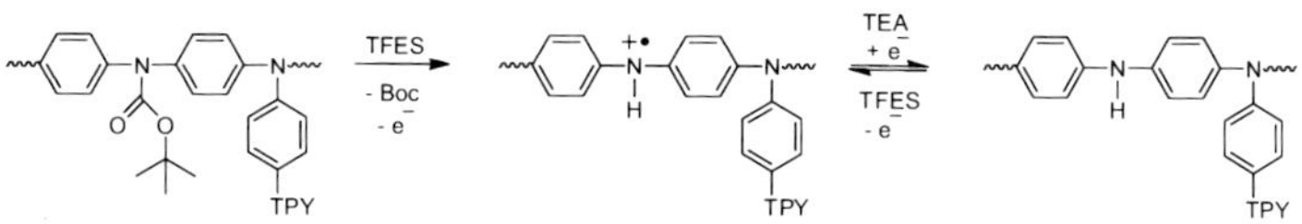

Abb. 3.105: *Mechanismus der chemischen Oxidation mit Trifluoressigsäure von P-BocDA-TPY bzw. von P-DA-TPY in Koordinationspolymerfilmen mit Zink-Metallionen.*

Ergebnisse und Diskussion

3.8. Elektrolumineszenz

Alle Elektrolumineszenzmessungen wurden von Dr. Dirk Hertel am Department Chemie der Universität zu Köln (Arbeitskreis von Prof. Dr. K. Meerholz) durchgeführt.

Neben der Fluoreszenz in Lösung (Kapitel 3.2) besitzen die TPY-haltigen Polyiminoarylene eine Festkörperfluoreszenz. So zeigt P-FL-TPY eine gelbgrüne Festkörperfluoreszenz mit Maximum bei 492 nm.[19] Die mit einer Ulbrichkugel gemessene Fluoreszenzquantenausbeute von P-FL-TPY im Festkörper beträgt 2 %.

Zur Abschätzung der Eignung einiger Polyiminoarylene bzw. deren Zink-Metallkomplexe als aktive Materialien in elektrolumineszierenden Bauteilen wurden organische Leuchtdioden (OLEDs) hergestellt. Die OLEDs wurden auf Glassubstraten mit einer ITO-Anode erzeugt. Zuerst wurde das Substrat mit einer PEDOT-Schicht, dann mit dem Polymer bzw. dem Zn-komplexierten Polymer durch Spin-Coating beschichtet. Dazu wurden die reinen Polymere (P-FL-TPY, P-3,6-CBZ-TPY, P-Ph1-TPY) in Toluol gelöst. Die Zn-P-FL-TPY- und Zn-P-3,6-CBZ-TPY-Komplexe wurden in DMF gelöst. Anschließend wurden alle Lösungen filtriert. Auf die Polymerschicht bzw. Zn-Polymerschicht wurde noch eine Elektronenleiter- und Lochblockierschicht aus 1,3,5-Tri(phenyl-2-benzimidazolyl)-benzol (TPBI) aufgebracht. Zuletzt wurde eine Kathode aufgedampft. Die detaillierte Beschreibung der OLED-Herstellung erfolgt in Kapitel 4.2.

Alle hergestellten OLEDs zeigten Elektrolumineszenz (EL). In Abb. 3.106 sind die EL-Spektren aller Bauteile zusammengefasst. Die OLED mit P-FL-TPY emittiert rot, das Maximum der Emission liegt bei 600 nm. Die Elektrolumineszenz des Zn-Komplexes von P-FL-TPY ist tiefrot mit Maximum bei 675 nm. P-3,6-CBZ-TPY weist eine neongrüne Elektrolumineszenz auf. Das EL-Spektrum von P-3,6-CBZ-TPY enthält drei Maxima bei 517, 556 und 605 nm. Der Zn-Komplex von P-3,6-CBZ-TPY emittiert blau. Das EL-Spektrum von Zn-P-3,6-CBZ-TPY weist ein Maximum bei 396 nm und eine Schulter bei 482 nm auf. Das EL-Spektrum von P-Ph1-TPY hat ein Maximum bei 557 nm, die Emission ist grün.

Bei allen OLEDs wurden die Leuchtdichte und die Effizienz gemessen. Die Daten sind in Tabelle 3.10 zusammengefasst. Die Effizienz des besten Bauteils erreichte 0,6 $cd \cdot A^{-1}$, dabei betrug die Leuchtdichte 212 $cd \cdot m^{-2}$. Um dem Stand der Technik zu entsprechen, müsste die blaue Elektrolumineszenz eine Effizienz von 6 $cd \cdot A^{-1}$ aufweisen und die rote etwa 20-30 $cd \cdot A^{-1}$.

Ergebnisse und Diskussion

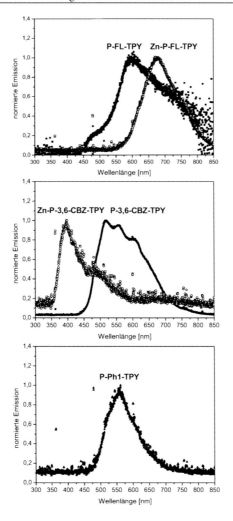

Abb. 3.106: Spektren der Elektrolumineszenz.

Tab. 3.10: Charakteristische Daten der Elektrolumineszenzmessungen.

	EL [nm]	Effizienz [cd·A^{-1}]	Leuchtdichte [cd·m^{-2}]
P-FL-TPY	600	0,0070	n.a.
Zn-P-FL-TPY	675	0,0040	13
P-3,6-CBZ-TPY	517, 556, 605	0,6000	212
Zn-P-3,6-CBZ-TPY	396, 482 (Sch.)	0,0006	n.a.
P-Ph1-TPY	557	0,0600	n.a.

3.9. Ionenaustauscherwirkung der Filme

Die nach Schema 3.1 hergestellten Filme besitzen eine positiv geladene, aufgrund des aromatischen Charakters der Polymerkette starre und poröse Netzwerkstruktur, die interessante Transporteigenschaften erwarten lässt (Schema 3.3). Durch die begrenzte Maschenweite ist ein größenselektiver Stofftransport denkbar. Ferner können die Ligandengruppen als Ionentauscher wirken und einen selektiven Transport bestimmter Ionensorten fördern.

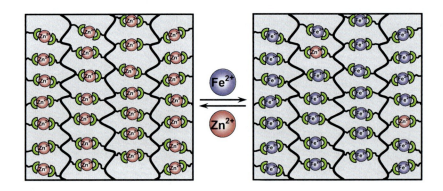

Schema 3.3: *Schematische Darstellung der geladenen Struktur des Koordinationspolymernetzwerks aus Zinkmetallionen und polymeren Ligandenmolekülen und des Prinzips eines Austausches der Metallionen. Die Gegenionen sind zur besseren Übersicht nicht eingezeichnet.*

Für die Untersuchung des Metallionenaustausches wurde als Standard das $Zn(PF_6)_2$/P-FL-TPY-System, hergestellt in zwölf Tauchzyklen, ausgewählt. Die auf Quarzglas adsorbierten Koordinationspolymerfilme wurden für unterschiedliche Zeiten in unterschiedliche Matallsalzlösungen getaucht, um das Austauschverhalten der Kationen zu untersuchen. Da P-FL-TPY mit Zn^{2+}-Ionen gelblich gefärbte Komplexe, mit Fe^{2+}-, Co^{2+}- und Cu^{2+}-Ionen aber dunkel gefärbte Komplexe bildet, sollte ihre Bildung im Film leicht an einer bathochromen Farbverschiebung UV/Vis-spektroskopisch nachweisbar sein. Der Ionentausch wurde außerdem mittels EDX-Messungen quantitativ untersucht. Veränderungen der Oberflächenmorphologie durch den Kationenaustausch wurden mittels REM-Aufnahmen studiert.

Ergebnisse und Diskussion

Es wurde zunächst versucht, den Austausch von Zinkionen gegen Eisen-, Kobalt- und Kupferionen in wässrigen Lösungen durchzuführen. Die Konzentration der Metallhexafluorophosphat-Lösungen war 0,01 molar. Abb. 3.107 zeigt die UV/Vis-Spektren von $Zn(PF_6)_2$/P-FL-TPY-Filmen vor und nach dem Tauchen in die Lösungen der Austauschmetallsalze. Auch nach siebentägigem Eintauchen der beschichteten Substrate in die Lösungen wird nur eine leichte Veränderung der Absorptionsspektren beobachtet. Da die Absorption hauptsächlich abnimmt, kann sie nicht auf einen Ionenaustausch zurückzuführen sein.

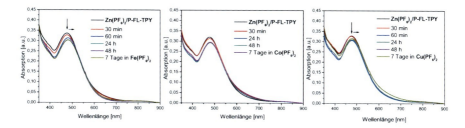

Abb. 3.107: *Austausch von Zink-Kationen gegen Eisen(II)- (links), Kobalt(II)- (Mitte) und Kupfer(II)-Kationen (rechts) in P-FL-TPY-Koordinationspolymerfilmen in wässrigen Lösungen (12 Tauchzyklen).*

Ein Versuch des Zink-Austausches gegen Eisen wurde in einer 0,01 molaren Eisenhexafluorophosphat-Lösung in H_2O/MeOH/DMF (0,3:1:0,04 v/v) durchgeführt. Das UV-Spektrum des $Zn(PF_6)_2$/P-FL-TPY-Films verändert sich nach 150 min Eintauchen des Substrates in die $Fe(PF_6)_2$-Lösung deutlich (Abb. 3.108). Der Anstieg einer neuen Absorptionsbande bei 590 nm wurde beobachtet, was auf die Bildung des Eisen-Komplexes im Film hindeutet (siehe Kapitel 3.3. und 3.4.1.).

Dieser Versuch zeigte, dass die Polarität des Lösungsmittels eine große Rolle beim Kationenaustausch spielt. Unpolare Lösungsmittel oder Lösungsmittelgemische begünstigen den Austausch der Kationen in den Koordinationspolymerfilmen aus P-FL-TPY und $Zn(PF_6)_2$. So wurde in weiteren Experimenten versucht, möglichst unpolare Lösungsmittelgemische für den Austausch der ausgewählten Metallsalze zu verwenden. Bei der Vorbereitung der Metallhexafluorophosphat-Lösungen wurde bisher so verfahren, dass in Lösungen von Eisenperchlorat, Kobalt- und Kupferacetat zusätzlich Kaliumhexafluorophosphat zugegeben wurde. Da Kaliumhexafluorophosphat in unpolaren Lösungsmitteln aber sehr schwer oder gar nicht löslich ist, wurde auf dessen Zugabe verzichtet. Stattdessen wurde mit 0,01 molaren Lösungen von $Fe(ClO_4)_2$ in THF/MeOH/n-Hexan (5:1:4 v/v) sowie $Co(OAc)_2$ und $Cu(OAc)_2$ in THF/MeOH/n-Hexan (5:1:5 v/v) gearbeitet.

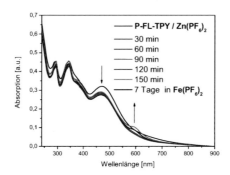

Abb. 3.108: *Austausch von Zink-Kationen gegen Eisen(II)-Kationen in P-FL-TPY-Koordinationspolymerfilmen in einer (0,3:1:0,04 v/v) H_2O/MeOH/DMF-Lösung.*

Abb. 3.109 zeigt die Absorptionsspektren von $Zn(PF_6)_2$/P-FL-TPY-Filmen vor und nach dem Tauchen in die unpolaren Fe^{2+}-, Co^{2+}- und Cu^{2+}-Lösungen. Schon nach 10 min Eintauchen des Substrates in die Eisenperchlorat-Lösung ist der Austausch von Zink gegen Eisen vollständig. Die Farbe des Films wird von gelb nach bräunlichgrün verändert (Abb. 3.110). Die Absorption bei 290 und 340 nm nimmt zu, die Banden bei 390 und 460 nm bilden sich gleichzeitig zurück und eine neue Absorption entsteht bei Wellenlängen über 600 nm. Diese Veränderung der Spektren weist die Bildung der Eisen-Komplexe im Film nach. Für die Einheitlichkeit des Kationenaustausches spricht das Auftreten von zwei isosbestischen Punkten bei 455 und 561 nm.

Um die Zink- gegen Kobaltionen auszutauschen, benötigt man unter diesen Bedingungen 20 min. Der Farbwechsel des Films von gelb nach braun (Abb. 3.110) geht einher mit einer Veränderung der UV/Vis-Spektren. Die Intensität der Banden bei 290, 340 und 390 nm wird erhöht, die Absorptionsbande mit Maximum bei 460 nm nimmt leicht ab und verschiebt sich um 30 nm bathochrom. Dies weist auf die Bildung der Kobalt-Komplexe im Film hin. Beim Austausch treten zwei isosbestische Punkte bei 410 und 500 nm auf.

Für den Austausch von Zink- gegen Kupferionen werden nur 4 min benötigt. Der Film wird dabei dunkelrot (Abb. 3.110). Die Bildung der Kupfer-Komplexe ist an der bathochromen Verschiebung der Bande bei 460 nm um 35 nm zu erkennen.

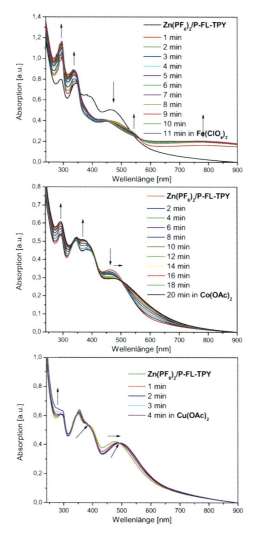

Abb. 3.109: Austausch von Zink-Kationen gegen Eisen(II)- (oben), Kobalt(II)- (Mitte) und Kupfer(II)-Kationen (unten) in P-FL-TPY-Koordinationspolymerfilmen in unpolaren Lösungsmittelgemischen (12 Tauchzyklen).

Ergebnisse und Diskussion

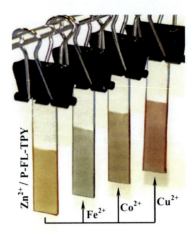

Abb. 3.110: *Farbänderungen, die der Austausch von Zink-Kationen gegen Eisen(II)-, Kobalt(II)- und Kupfer(II)-Kationen in P-FL-TPY-Koordinationspolymerfilmen auslöst.*

Anhand der EDX-Elementaranalyse konnte der durchgeführte Kationenaustausch nochmals bestätigt werden. Die EDX-Spektren sowie prozentuelle Angaben der Masse der in den Filmen ausgetauschten Metallionen sind in Abb. 3.111 dargestellt. In allen drei Spektren findet man die Signale von noch in den Filmen vorhandenem Zink sowie entweder von Eisen, Kobalt oder Kupfer. Die Zinkmetallionen werden also nicht vollständig im Polymernetzwerk gegen andere Metallionen ausgetauscht. Ein Gleichgewicht wird erreicht, bei dem der weitere Kationenaustausch zum Erliegen kommt. So konnten die Zinkionen zu 58,3 % gegen Eisen-, zu 77,9 % gegen Kobalt- und zu 68,4 % gegen Kupferionen ersetzt werden.

Die Komplexbildungsreaktionen der Liganden mit Metallionen sind Gleichgewichtsreaktionen. In Gleichungen 3-1 und 3-2 sind die Gleichgewichtsreaktionen der Biskomplex-Bildung der Terpyridin-Liganden mit unterschiedlichen Metallionen (M1 und M2) dargestellt. Die resultierenden Komplexbildungskonstanten K_1 und K_2 (Gleichungen 3-4 und 3-5) sind stark von der Metallionenart abhängig. Eine Austauschreaktion der Metallionen M1 im Koordinationspolymerfilm gegen Metallionen der Art M2 ist in der Gleichung 3-3 zu sehen. Die Gleichgewichtskonstante K, bei der sich die Metallionen austauschen, ist von den

Komplexbildungskonstanten der Bildung einzelner Metallkomplexe K_1 und K_2 abhängig (Gleichung 3-6).

$$2\text{TPY} + \text{M1} \xrightleftharpoons{K_1} \text{TPY}_2\text{M1} \qquad (3\text{-}1)$$

$$2\text{TPY} + \text{M2} \xrightleftharpoons{K_2} \text{TPY}_2\text{M2} \qquad (3\text{-}2)$$

$$\text{TPY}_2\text{M1} + \text{M2} \xrightleftharpoons{K} \text{TPY}_2\text{M2} + \text{M1} \qquad (3\text{-}3)$$

$$K_1 = \frac{[\text{TPY}_2\text{M1}]}{[\text{TPY}]^2\,[\text{M1}]} \qquad (3\text{-}4)$$

$$K_2 = \frac{[\text{TPY}_2\text{M2}]}{[\text{TPY}]^2\,[\text{M2}]} \qquad (3\text{-}5)$$

$$K = \frac{[\text{TPY}_2\text{M2}]\,[\text{M1}]}{[\text{TPY}_2\text{M1}]\,[\text{M2}]} = \frac{K_2}{K_1} \qquad (3\text{-}6)$$

Nach Literaturangaben[77,89] lässt sich eine Reihe der Stärke der Komplexbildungskonstanten von Nickel-, Kobalt, Eisen-, Zink- und Kupferionen mit Terpyridin-Liganden ableiten:

$$K_{Cu} > K_{Zn} > K_{Fe} > K_{Co} > K_{Ni}.$$

Da die Konstante der Komplexbildung mit Kupferionen am größten ist, passiert der Ionenaustausch von Zink gegen Kupfer im Koordinationspolymerfilm am schnellsten (Abb. 3.108). Innerhalb von 4 Minuten konnten die Zinkionen zu 68,4 % gegen Kupferionen ersetzt werden. Etwas längere Zeit (10 Minuten) benötigt man für den Austausch gegen Eisen, wobei die Zinkionen zu 58,3 % gegen Eisenionen ersetzt werden. Die Komplexbildungskonstante mit Kobaltionen ist noch kleiner als die mit Eisenionen. Aus diesem Grund vergehen 20 Minuten, bis Zink zu 77,9 % gegen Kobalt getauscht ist.

Unter gleichen Bedingungen wurde eine Reversibilität des Austauschprozesses untersucht (Abb. 3.112). Es wurde zunächst versucht, die Zinkionen in den Filmen gegen Fe^{2+}-, Co^{2+}- und Cu^{2+}-Ionen auszutauschen und anschließend wieder zurückzutauschen. Zu diesem Zweck wurden die mit $Zn(PF_6)_2$/P-FL-TPY beschichteten Träger für bestimmte Zeit zunächst in 0,01 molare Lösungen von $Fe(ClO_4)_2$ in THF/MeOH/n-Hexan (5:1:4 v/v) oder $Co(OAc)_2$ und $Cu(OAc)_2$ in THF/MeOH/n-Hexan (5:1:5 v/v) getaucht. Der anschließende Rücktausch gegen Zink wurde in einer 0,01 molaren $Zn(OAc)_2$-Lösung durchgeführt.

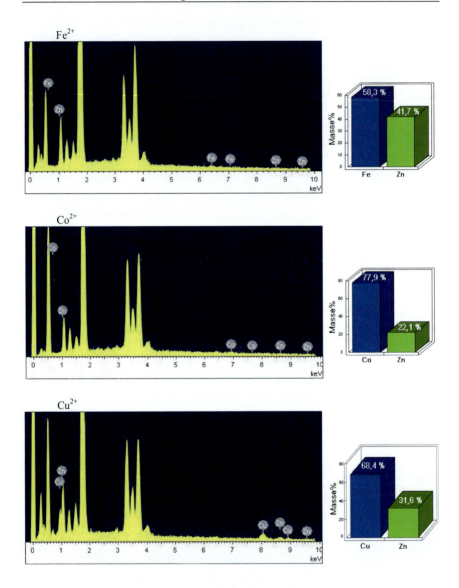

Abb. 3.111: *EDX-Spektren (links) der $Zn(PF_6)_2$/P-FL-TPY-Filme (12 Tauchzyklen) nach dem Tauchen in die Fe^{2+}, Co^{2+} oder Cu^{2+}-Metallsalzlösungen. Die Balkendiagramme (rechts) zeigen die quantitativen Ergebnisse des Kationenaustausches.*

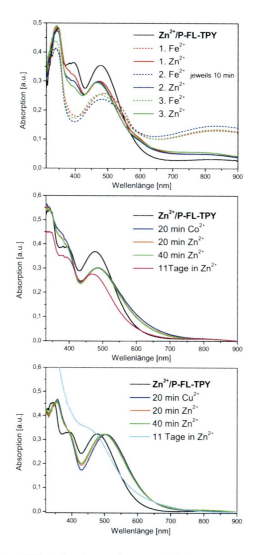

Abb. 3.112: *Reversibilität des Austausches von Zink-Kationen gegen Eisen(II)- (oben), Kobalt(II)- (Mitte) und Kupfer(II)-Kationen (unten) in P-FL-TPY-Koordinationspolymerfilmen (12 Tauchzyklen).*

Mit Eisen waren die Experimente am erfolgreichsten. Dreimal wurde der Vorgang, d.h. der Tausch der Zinkionen gegen Eisen(II)-Ionen und wieder zurück, wiederholt. Es zeigte sich, dass Eisen wieder gegen Zink ausgetauscht werden kann. Man erkennt aber aus der Gestalt der UV/Vis-Spektren (Schulter bei 600 nm), dass ein kleiner Anteil an Eisen im Film mit Zink zurückbleibt.

Es ist auch möglich, die Co^{2+}- und Cu^{2+}-Kationen wieder gegen Zn^{2+} zurückzutauschen, doch wird dafür eine längere Zeit benötigt (Abb. 3.112, Mitte und unten). Erst nach elf Tagen Eintauchen der Substrate in die $Zn(OAc)_2$-Lösung findet eine hypsochrome Verschiebung der UV/Vis-Spektren statt, was den Rücktausch gegen Zink anzeigt. Wahrscheinlich löst sich dabei ein Teil des Films vom Träger ab, da die Spektren eine etwas geringere Absorption zeigen.

REM-Aufnahmen in Abb. 3.113 zeigen den Einfluss des Kationenaustausches auf die Struktur der Filmoberfläche. Man erkennt, dass der Austausch der Zinkionen gegen Kobalt- und Kupferionen keine Änderung der Oberflächenmorphologie bewirkt. Durch den Austausch gegen Eisenionen wird dagegen eine Blasenbildung und eine Homogenisierung des Films beobachtet.

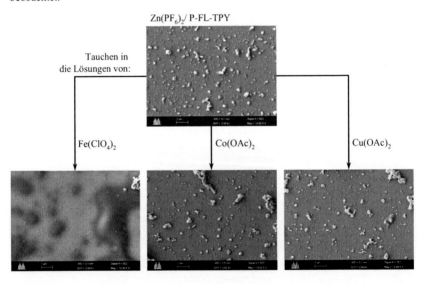

Abb. 3.113: *REM-Aufnamen der Oberflächenmorphologie der P-FL-TPY-Metallionenfilme (12 Tauchzyklen) vor und nach dem Tauchen in die unterschiedlichen Metallsalzlösungen.*

4. Experimenteller Teil

4.1. Reagenzien und verwendete Chemikalien

Die Ausgangssubstanzen für die Synthesen und die übrigen in dieser Arbeit verwendeten Chemikalien wurden käuflich bei den Firmen Acros, Fluka, Merck, Sigma-Aldrich und Riedel de Haen erworben und ohne weitere Reinigung verwendet. Die Lösungsmittel wie THF, Toluol, Ethanol, Aceton und DMF wurden vor Gebrauch nach Standardverfahren gereinigt und ggf. getrocknet.[90,91] Bei allen Versuchen wurde Milli-Q-Wasser mit einem spezifischen Widerstand von > 18,2 MΩ cm verwendet, welches aus entionisiertem Wasser mit Hilfe eines Reinstwassersystems der Firma Millipore GmbH erhalten wurde.

Nach Literaturangaben wurden die folgenden Komponenten hergestellt:
- 4´-(4-Aminophenyl)-2,2´:6,2´´-terpyridin[19]
- 2,7-Dibromo-9,9-dihexylfluoren[92,93]
- 3,6-Dibromo-N-(2-ethylhexyl)carbazol[94]
- 2,7-Dibromo-N-(2-ethylhexyl)carbazol[95]
- 1,4-Dibromo-2,5-octyloxybenzol[96]
- 1,4-Dibromo-2,5-bis(2-ethylhexyl)benzol[97]
- *t*-Butyl-N-[2-(4-bromophenyl)carbamat[98]

4.2. Arbeitstechnik und Geräte

^{1}H-NMR-Spektroskopie

Die ^{1}H-NMR-Spektren wurden mit einem Bruker DPX 300 Spektrometer gemessen. Die Messfrequenz betrug 300 MHz. Die Proben wurden in deuterierten Lösungsmitteln wie Chloroform-d_1 und Benzol-d_6 gelöst.

IR-Spektroskopie

Die Aufnahme der ATR-FT-IR-Spektren erfolgte mit einem FT-IR-Spektrometer Paragon 1000 der Firma Perkin-Elmer. Für die Aufnahmen wurde ein Germanium-Kristall (50 x 10 x 3 mm) als Substrat verwendet.

Experimenteller Teil

Massenspektrometrie

Die MALDI-TOF-Spektren wurden mit einem 4800 Plus MALDI-TOF/TOF Analyzer von Applied Biosystems (heute ABSCIEX) unter Verwendung der α-Cyano-4-hydroxyzimtsäure (HCCA) als Matrix am Institut für Genetik der Universität zu Köln bei Dr. T. Lamkemeyer aufgenommen.

UV/Vis-Spektroskopie

Die UV/Vis-Spektren wurden mit Hilfe eines UV/Vis-Spektrometers Lambda 14 der Firma Perkin-Elmer angefertigt. Für die Messungen der Lösungen wurden Quarzküvetten mit einer Schichtdicke von 1,0 cm (Typ Hellma Suprasil 101 und 111) verwendet. Die Messungen der dünnen Filme fanden auf Quarzglas mit einer Schichtdicke von 1,25 mm (Typ Helma Suprasil 45x12,5 mm) statt.

Fluoreszenzspektroskopie

Die Fluoreszenz-Spektren wurden mit Hilfe eines Perkin-Elmer LS 50 B Fluoreszenz-Spektrometers gemessen. Für die Spektren in Lösungen wurden Quarzküvetten mit der Schichtdicke 1,0 cm verwendet. Die Filme wurden auf einem Quarzglas mit der Schichtdicke 1,25 mm gemessen.

Zur Ermittlung der Quantenausbeuten wurden Lösungen der Proben in Toluol, THF und Dichlormethan mit einer bekannten Referenz (hier Rhodamin 6G in Ethanol)[99,100] verglichen. Die Polymerstammlösung wurde viermal verdünnt, so dass fünf Proben erhalten wurden: x, x/2, x/4, x/8, x/16. Von jeder Probe wurde je ein UV/Vis- und Fluoreszenzspektrum aufgenommen. Eine lineare Auftragung des Absorptionswertes bei der Anregungswellenlänge gegen die integrierte Fluoreszenzintensität ergibt für die Werte eine Steigung, die $Grad_X$ in Gleichung (4-1) entspricht:

$$\Phi_X = \Phi_{ST} \left(\frac{Grad_X}{Grad_{ST}}\right)\left(\frac{\eta_X}{\eta_{ST}}\right)^2 \qquad (4\text{-}1)$$

$Grad_X$ ist dabei die Steigung der Referenzsubstanz, sie beträgt 673696,6. Φ_{ST} ist die Quantenausbeute des Rhodamin 6G, Φ_X ist die Fluoreszenzquantenausbeute der Probe, η_X und η_{ST} sind die Brechungsindices der jeweiligen Lösungsmittel.

Cyclovoltammetrie

Elektrochemische Messungen wurden mit einem Potentiostaten PG 390 der Firma HEKA durchgeführt. Alle Experimente wurden in einer elektrochemischen Zelle (Quarzküvette mit

Schichtdicke 1 cm) mit drei Elektroden bei Raumtemperatur gemessen. Als Arbeitselektrode wurde ein ITO-beschichtetes Glassubstrat verwendet, als Gegenelektrode und Referenzelektrode diente Platindraht. Als Leitsalz fand Tetrabutylammoniumhexafluorophosphat in einer Konzentration von 0,1 M in mit N_2 gesättigtem Acetonitril oder Dichlormethan Verwendung. Alle Potentiale sind gegen Ferrocen angegeben.

Elektrolumineszenz-Messungen

Die OLEDs wurden auf Glassubstraten (26x26x1mm) mit einer strukturierten, 150 nm dicken ITO Anode hergestellt. Der Widerstand des ITOs ist ca. 20 Ohm/square (Merck KGaA, Darmstadt). Das Substrat wurde einer Standardreinigung unterzogen (Chloroform, Aceton, Mucasol, dest. Wasser, jeweils 15 min Ultaschall) und nach der UV-Ozon Reinigung mit einer 20 nm dicken Schicht PEDOT beschichtet (Baytron P AI 4083, H.C. Starck GmbH). Nach 10 min Tempern bei 150°C in Inertatmosphäre wurden die Proben mit dem Polymer bzw. dem Komplex des Polymers mit Zink-Metallionen durch Spin-Coating beschichtet. Die Drehgeschwindigkeit und Konzentration der Lösung wurde so gewählt, dass die Schicht zwischen 50 und 100 nm dick war. Zuletzt wurde die Kathode (Ca, Ba oder LiF und Al oder Ag) durch thermische Verdampfung im Vakuum hergestellt (10^{-6} mbar, Leybold Univac 450). Vor der Kathode wurden die Elektronenleiter- und Lochblockierschicht (TPBI Sensient) durch thermische Verdampfung hergestellt (K.J. Lesker, Spectros, 10^{-6} mbar).

Strom-Spannungskennlinien wurden mit einem Sourcemeter 2400 (Keithley) gemessen. Die Helligkeit wurde mit einer kalibrierten Photodiode mit Augenverlaufsfilter gemessen. EL-Spektren wurden mit einem kalibrierten Spektrometer (Ocean Optics USB 2000) gemessen. Photolumineszenzquantenausbeuten wurden mit einer Ulbrichtkugel von Hamamatsu bestimmt.

Rasterelektronenmikroskopie

REM-Bilder wurden mit einem Rasterelektronenmikroskop Zeiss Supra 40 VP und Zeiss Neon 40 aufgenommen. Für die Aufnahmen wurde ITO-beschichtetes Glas als leitende Unterlage verwendet.

Experimenteller Teil

Energiedispersive Röntgenspektroskopie

EDX-Spektren wurden mit Hilfe eines INCA DryCool Apparates gekoppelt mit einem Rasterelektronenmikroskop (Zeiss Neon 40) aufgenommen. Die Beschleunigungsspannung betrug 20 kV, die gemessene Fläche war 2500 μm^2, die Zeit für das Experiment betrug 250 s.

Rasterkraftmikroskopie

Die AFM-Aufnahmen wurden mit einem Rasterkraftmikroskop der Firma FRT GmbH angefertigt.

Profilometrie

Die Filmdicken wurden mit Hilfe eines Profilometers DekTak3 der Firma Vecco bestimmt. Für die Messungen wurden Multischichtfilme auf Glassubstraten hergestellt. Dann wurde die Filmschicht mit einem Skalpell angekratzt. Mit der Nadel wird das Profil des Kratzers in der Schicht vermessen und die Filmdicke daraus bestimmt. Der Fehler der Messungen beträgt ±2,5 nm.

4.3. Methoden

Reinigung und Vorbehandlung der Quarzträger

Für die Herstellung ultradünner Multischichten wurden beidseitig polierte Quarzträger verwendet. Zur Reinigung wurden die Substrate eine Stunde in eine Lösung aus Schwefelsäure und Wasserstoffperoxid (7:3 v/v) gelagert. Nach mehrmaligem Spülen mit Milli-Q-Wasser wurden sie im Ultraschallbad bei 60 °C in einer alkalischen Isopropanollösung behandelt. Nach dem Waschen in Milli-Q-Wasser wurden die Träger zunächst für jeweils zehn Minuten in Methanol, Methanol/Toluol (1:1 v/v) und Toluol eingetaucht und schließlich mit 3-Aminopropylmethyldiethoxysilan (5%-ige Lösung in absolutem Toluol) 24 Stunden silanisiert, um die Oberfläche der Träger mit einem Überschuss an positiven Ladungen zu versehen. Die silanisierten Substrate wurden durch Stehen für jeweils zehn Minuten in Toluol, Methanol/Toluol (1:1 v/v) und Methanol eingetaucht. Nach dem letzten Lösungsmittelbad wurden sie dann mit Milli-Q-Wasser gespült und mit PSS und PEI vorbeschichtet. Dafür wurden die silanisierten Quarzträger zunächst 20 Minuten in eine 0,01 monomolare Lösung von PSS eingetaucht. Nach dem Waschen mit Milli-Q-Wasser folgte die Adsorption von PEI durch Tauchen in eine 0,01 monomolare

Lösung von PEI für 20 Minuten. Die Schrittfolge wird noch einmal wiederholt. Die Vorbeschichtung wird mit einer Schicht PSS abgeschlossen, so dass die Träger außen eine negative Ladung aufweisen. Die Schichtfolge ist PSS-PEI-PSS-PEI-PSS.

Reinigung und Vorbehandlung der ITO-Glasträger

Zur Reinigung wurden die ITO-Glasträger im Ultraschallbad bei 60 °C mit Ethanol und Wasser jeweils 30 min gewaschen. Da ITO-beschichtetes Glas bereits eine negative Überschussladung an der Oberfläche besitzt, muss es nicht silanisiert werden, um die Adsorption von Ionen zu ermöglichen.

Die Vorbeschichtung bestand aus einer Schicht PEI, gefolgt von einer Schicht PSS, die jeweils aus einer 0,01 monomolaren, wässrigen Lösungen des entsprechenden Polyelektrolyten adsorbiert wurden. Die Tauchzeit betrug 20 min. Nach jedem Tauchschritt wurde mit Milli-Q-Wasser gewaschen.

Multischichtaufbau

Der Aufbau von Multischichten durch koordinative Selbstorganisation erfolgte sowohl auf vorbehandelten Quarzträgern als auch auf ITO-Glasträgern. Die Metallkationen und die polytopischen Liganden wurden alternierend auf diesen Substraten aus den Lösungen adsorbiert. Die Metallionen werden als Hexafluorophosphatsalze adsorbiert. Die Tauchzeiten betrugen 5 sec bis 10 min. Zwischen den einzelnen Adsorptionsschritten wurden die Substrate zweimal mit Lösungsmittel gewaschen. Die Zeit für die Waschvorgänge betrug 30 s. Als Lösungsmittel für die Adsorptionsexperimente diente entweder reines THF und Toluol oder Lösungsmittelgemische wie THF/DMF, THF/DMF/Methanol/n-Hexan, THF/n-Hexan, Toluol/n-Hexan. Die Mischungsverhältnisse finden sich in Kapitel 3.4.

Wenn nicht anders angegeben, wurden Metallhexafluorophosphat-Tauchlösungen durch Mischen gleicher Volumen einer 0,2 M Kaliumhexafluorophosphat-Lösung mit einer 0,1 M Metallacetat-Lösung hergestellt. Es wurden Zink(II)-acetat Dihydrat ($Zn(OAc)_2 \cdot 2H_2O$), Kobalt(II)-acetat Tetrahydrat ($Co(OAc)_2 \cdot 4H_2O$), Nickel(II)-acetat Tetrahydrat ($Ni(OAc)_2 \cdot 4H_2O$), Eisen(II)-perchlorat Hydrat ($Fe(ClO_4)_2 \cdot H_2O$) und Kupfer(II)-acetat Hydrat ($Cu(OAc)_2 \cdot H_2O$) verwendet. Die Tauchlösungen der polytopischen Liganden waren $5 \cdot 10^{-4}$ monomolar.

Experimenteller Teil

Spektroelektrochemische Messungen

Für die spektroelektrochemischen Untersuchungen wurden die ITO-Glasträger mit 12 Tauchzyklen (Metallionen/Polymer) beschichtet. Die Messküvette wurde zur cyclovoltammetrischen Messung vorbereitet und im UV/Vis-Spektrometer platziert. Die Spannung wurde in kleinen Schritten (z. B. 0,025 V) erhöht und nach jeder Erhöhung wurde ein UV/Vis-Spektrum aufgenommen.

Schaltzeit- und Kontrastbestimmung

Zur Bestimmung der Schaltzeiten wurden die ITO-Glasträger mit 12 Tauchzyklen (Metallionen/Polymer) beschichtet. Die Messküvette wurde zur cyclovoltammetrischen Messung vorbereitet und im UV/Vis-Spektrometer platziert. Das UV/Vis-Spektrometer wurde auf die Messung bei einer einzelnen Wellenlänge eingestellt. Der Potentiostat wurde so eingestellt, dass die jeweilige Spannung alle 5 Sekunden direkt von 0 V auf die Spannung des voll oxidierten Zustands geschaltet wurde und nach weiteren 5 Sekunden wieder zurück nach 0 V geschaltet wurde. Die erhaltenen Absorptionswerte wurden in Transmissionswerte umgewandelt. Durch deren Differenz wurde der Kontrast in $\Delta\%$ Transmission (T) ausgerechnet.

Experimenteller Teil

4.4. Synthesen

4.4.1. Synthese von P-FL-TPY[19]

Unter Stickstoffatmosphäre werden 100 mg (0,308 mmol) 4´-(4-Aminophenyl)-2,2´:6,2´´-terpyridin und 152 mg (0,308 mmol) 2,7-Dibromo-9,9-dihexylfluoren in 10 ml entgaster Toluol:Dioxan Mischung (1:1 v/v) in einem Schlenkrohr gelöst. Zu diesem Gemisch wird der Katalysator, eine Lösung von 7,06 mg (7,71 µmol) Tris(dibenzylidenaceton)-dipalladium und 9,44 mg (46,6 µmol) Tris-t-butylphosphin in Toluol:Dioxan, zugetropft. Anschließend werden 89 mg (0,925 mmol) Natrium-t-butoxid zugegeben. Das Reaktionsgemisch wird auf 100 °C erhitzt und 24 Stunden gerührt. Nach Abkühlen auf Raumtemperatur wird die Reaktion mit 10 ml wässriger Ammoniaklösung gestoppt. Die organische Phase wird mit Toluol verdünnt, mit Wasser mehrmals extrahiert und über Magnesiumsulfat getrocknet. Das Lösemittel wird unter Vakuum abdestilliert. Das enthaltene Rohprodukt wird in n-Hexan ausgefällt, filtriert und mit n-Hexan gereinigt, um das gewünschte Produkt in grüner Pulverform zu enthalten.

Ausbeute: 167,3 mg (82 %). M_w: 3932 g/mol.

^{1}H-NMR (300 MHz, CDCl$_3$): δ (ppm) 0,4-2,0 (Alkanketten); 7,14 (d, Phenylen arom. H); 7,23 (m, TPY arom. H); 7,35 (m, FL arom. H); 7,55 (d, FL arom. H); 7,85 (m, TPY und Phenylen arom. H); 8,64 (d, TPY arom. H); 8,67 (d, TPY arom. H); 8,71 (s, TPY arom. H) (siehe auch Abb. 4.1).

	Toluol	THF	CH$_2$Cl$_2$
Absorption λ_{max}	414 nm	405 nm	412 nm
Emission λ_{max}	470 nm	518 nm	550 nm
Φ_f	55%	43%	32%

Experimenteller Teil

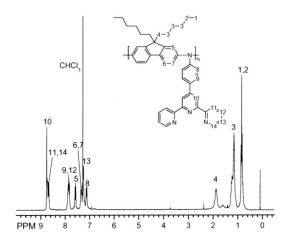

Abb. 4.1: ^{1}H-NMR-Spektrum von P-FL-TPY.[19]

4.4.2. Synthese von P-3,6-CBZ-TPY

Unter Stickstoffatmosphäre werden 150 mg (0,462 mmol) 4′-(4-Aminophenyl)-2,2′:6,2′′-terpyridin und 202,17 mg (0,462 mmol) 3,6-Dibromo-N-(2-ethylhexyl)carbazol in 15 ml entgastem Dioxan in einem Schlenkrohr gelöst. Zu diesem Gemisch wird der Katalysator, eine Lösung von 10,57 mg (2,5 mol %) Tris(dibenzylidenaceton)-dipalladium und 14,02 mg (15 mol %) Tris-*t*-butylphosphin in Dioxan, zugetropft. Anschließend werden 133,2 mg (1,38 mmol) Natrium-*t*-butoxid zugegeben. Das Reaktionsgemisch wird auf 100 °C erhitzt und weitere 10 Stunden gerührt. Nach Abkühlen auf Raumtemperatur wird die Reaktion mit 15 ml wässriger Ammoniaklösung gestoppt. Die organische Phase wird mit Toluol verdünnt, mit Wasser mehrmals extrahiert und über Magnesiumsulfat getrocknet. Das Lösemittel wird

Experimenteller Teil

unter Vakuum abdestilliert. Das enthaltene Rohprodukt wird in n-Hexan ausgefällt, filtriert und mit n-Hexan gereinigt, um das gewünschte Produkt in hell-grüner Pulverform zu enthalten.

Ausbeute: 221 mg (67 %). M_w: 2997 g/mol.

^{1}H-NMR (300 MHz, CDCl$_3$): δ (ppm) 0,8-2,1 (Alkanketten); 4,1 (Cbz N-CH$_2$); 6,95-7,1 (Cbz und Phenylen arom. H); 7,3 (TPY arom. H); 7,35 (Cbz arom. H); 7,7 (Phenylen arom. H); 7,85 (TPY arom. H); 8,63 (TPY arom. H); 8,67 (TPY arom. H); 8,7 (TPY arom. H) (siehe auch Abb. 4.2).

	Toluol	THF	CH$_2$Cl$_2$
Absorption λ_{max}	365 nm	370 nm	360 nm
Emission λ_{max}	492 nm	537 nm	573 nm
Φ_f	63%	34%	12%

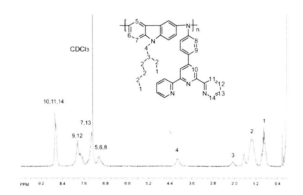

Abb. 4.2: ^{1}H-NMR-Spektrum von P-3,6-CBZ-TPY.

4.4.3. Synthese von P-2,7-CBZ-TPY

Unter Stickstoffatmosphäre werden 50 mg (0,154 mmol) 4'-(4-Aminophenyl)-2,2':6,2''-terpyridin und 67 mg (0,154 mmol) 2,7-Dibromo-N-(2-ethylhexyl)carbazol in 5 ml entgastem Toluol in einem Schlenkrohr gelöst. Zu diesem Gemisch wird der Katalysator, eine Lösung von 3,53 mg (3,85 µmol) Tris(dibenzylidenaceton)-dipalladium und 4,71 mg (0,023 mmol) Tris-t-butylphosphin in Toluol, zugetropft. Anschließend werden 44 mg (0,462 mmol) Natrium-t-butoxid zugegeben. Das Reaktionsgemisch wird auf 100 °C erhitzt und weitere 18 Stunden gerührt. Nach Abkühlen auf Raumtemperatur wird die Reaktion mit 5 ml Wasser gestoppt. Die organische Phase wird mehrmals mit gesättigter Kochsalzlösung extrahiert, durch Celite filtriert und über Magnesiumsulfat getrocknet. Das Lösemittel wird unter Vakuum abdestilliert. Das enthaltene Rohprodukt wird in n-Hexan ausgefällt, filtriert und mit n-Hexan gereinigt, um das gewünschte Produkt in gelb-grüner Pulverform zu enthalten. Ausbeute: 62,3 mg (79 %). M_w: 2398 g/mol.

^{1}H-NMR (300 MHz, C_6D_6): δ (ppm) 0,6-2 (Alkanketten); 3,6-3,9 (Cbz N-CH_2); 6,9 (Cbz arom. H); 6,95-7,1 (Cbz und Phenylen arom. H); 7,5 (TPY arom. H); 7,72 (TPY und Phenylen arom. H); 8,05 (Cbz arom. H); 8,73 (TPY arom. H); 8,93 (TPY arom. H); 9,38 (TPY arom. H) (siehe auch Abb. 4.3).

	Toluol	THF	CH_2Cl_2
Absorption λ_{max}	376 nm	380 nm	374 nm
Emission λ_{max}	457 nm	466 nm	480 nm
Φ_f	68%	48%	33%

Experimenteller Teil

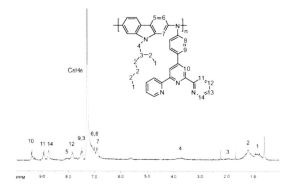

Abb. 4.3: ^{1}H-NMR-Spektrum von P-2,7-CBZ-TPY.

4.4.4. Synthese von P-Ph1-TPY

Unter Stickstoffatmosphäre werden 120 mg (0,370 mmol) 4´-(4-Aminophenyl)-2,2´:6,2´´-terpyridin und 182 mg (0,370 mmol) 1,4-Dibromo-2,5-octyloxybenzen in 10 ml entgaster Toluol:Dioxan Mischung (1:1 v/v) in einem Schlenkrohr gelöst. Zu diesem Gemisch wird der Katalysator, eine Lösung von 8,47 mg (9,25 µmol) Tris(dibenzylidenaceton)-dipalladium und 11,32 mg (56 µmol) Tris-t-butylphosphin in Toluol:Dioxan, zugetropft. Anschließend werden 122 mg (1,11 mmol) Natrium-t-butoxid zugegeben. Das Reaktionsgemisch wird auf 100 °C erhitzt und 24 Stunden gerührt. Nach Abkühlen auf Raumtemperatur wird die Reaktion mit 10 ml wässriger Ammoniaklösung gestoppt. Die organische Phase wird mit Toluol verdünnt, mit Wasser mehrmals extrahiert und über Magnesiumsulfat getrocknet. Das Lösemittel wird unter Vakuum abdestilliert. Das enthaltene Rohprodukt wird in n-Hexan ausgefällt, filtriert und mit n-Hexan gereinigt, um das gewünschte Produkt in gelber Pulverform zu enthalten. Ausbeute: 113 mg (46,5 %). M_w: 1967 g/mol.

Experimenteller Teil

^{1}H-NMR (300 MHz, CDCl$_3$): δ (ppm) 0,8-2 (Alkanketten); 4,0 (t, O-CH2); 6,16 (s, Phenyl-H); 7,1 (s, arom. H); 7,22 (d, arom. H); 7,37 (t, TPY arom. H); 7,91 (t, TPY arom. H); 7,93 (d, TPY arom. H); 8,7 (d, TPY arom. H); 8,75 (s, TPY arom. H) (siehe auch Abb. 4.4).

	THF
Absorption λ$_{max}$	375 nm
Emission λ$_{max}$	474 nm

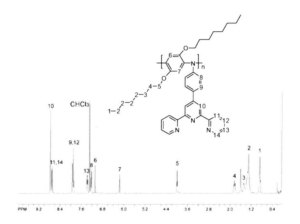

Abb. 4.4: ^{1}*H-NMR-Spektrum von P-Ph1-TPY.*

4.4.5. Synthese von P-Ph2-TPY

Unter Stickstoffatmosphäre werden 70 mg (0,215 mmol) 4´-(4-Aminophenyl)-2,2´:6,2´´-terpyridin und 99 mg (0,215 mmol) 1,4-Dibromo-2,5-bis(2-ethylhexyl)benzol in 5 ml

Experimenteller Teil

entgastem Toluol in einem Schlenkrohr gelöst. Zu diesem Gemisch wird der Katalysator, eine Lösung von 4,94 mg (5,39 µmol) Tris(dibenzylidenaceton)-dipalladium und 15,5 mg (32,6 µmol) X-Phos in Toluol, zugetropft. Anschließend werden 62,2 mg (0,64 mmol) Natrium-*t*-butoxid zugegeben. Das Reaktionsgemisch wird auf 100 °C erhitzt und 20 Stunden gerührt. Nach Abkühlen auf Raumtemperatur wird die Reaktion mit 10 ml wässriger Ammoniaklösung gestoppt. Die organische Phase wird mit Wasser mehrmals extrahiert und über Magnesiumsulfat getrocknet. Das Lösemittel wird unter Vakuum abdestilliert. Das enthaltene Rohprodukt wird in n-Hexan ausgefällt, filtriert und mit n-Hexan gereinigt, um das gewünschte Produkt in oranger Pulverform zu enthalten.

Ausbeute: 31 mg (23 %). M_w: n. a.

^{1}H-NMR (300 MHz, C_6H_6): δ (ppm) 1,00-2,22 (Alkanketten); 6,33 (d, arom. H); 6,9 (t, TPY arom. H); 7,00 (s, Phenyl-H); 7,47 (t, TPY arom. H); 7,53 (s, Phenyl-H); 7,72 (d, arom. H); 8,74 (d, TPY arom. H); 8,92 (d, TPY arom. H); 9,35 (s, TPY arom. H) (siehe auch Abb. 4.5).

	Toluol	THF
Absorption λ_{max}	322 nm	327 nm
Emission λ_{max}	399 nm	452 nm
Φ_f	35%	26%

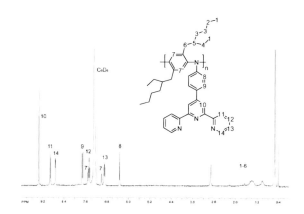

Abb. 4.5: ^{1}*H-NMR-Spektrum von P-Ph2-TPY.*

4.4.6. Synthese von P-BocDA-TPY

Unter Stickstoffatmosphäre werden 70 mg (0,216 mmol) 4´-(4-Aminophenyl)-2,2´:6,2´´-terpyridin und 92 mg (0,216 mmol) *t*-Butyl-N-[2-(4-bromophenyl)carbamat in 5 ml entgastem Toluol in einem Schlenkrohr gelöst. Zu diesem Gemisch wird der Katalysator, eine Lösung von 3,94 mg (5,39 µmol) Tris(dibenzylidenaceton)-dipalladium und 6,47 mg (0,0326 mmol) Tris-*t*-butylphosphin in Toluol, zugetropft. Anschließend werden 62 mg (0,647 mmol) Natrium-*t*-butoxid zugegeben. Das Reaktionsgemisch wird auf 95 °C erhitzt und weitere 21 Stunden gerührt. Nach Abkühlen auf Raumtemperatur wird die Reaktion mit 5 ml Wasser gestoppt. Die organische Phase wird mehrmals mit gesättigter Kochsalzlösung extrahiert und über Magnesiumsulfat getrocknet. Das Lösemittel wird unter Vakuum abdestilliert. Das enthaltene Rohprodukt wird in n-Hexan ausgefällt, filtriert und mit n-Hexan gereinigt, um das gewünschte Produkt in beiger Pulverform zu enthalten.
Ausbeute: 112 mg (88,3 %). M_w: 2358 g/mol.

^{1}H-NMR (300 MHz, C_6D_6): δ (ppm) 1-1.5 (Alkanketten); 6.81 (Phenyl-H); 6.97 (Phenyl-H); 7.08 (Phenyl-H); 7.23 (Phenyl-H); 7.38 (Phenyl-H); 7.57 (TPY arom. H); 8.65 (TPY arom. H); 8.78 (TPY arom. H); 9.2 (TPY arom. H) (siehe auch Abb. 4.6).

	Toluol	THF	CH_2Cl_2
Absorption λ_{max}	367 nm	370 nm	367 nm
Emission λ_{max}	456 nm	487 nm	508 nm
Φ_f	68%	55%	40%

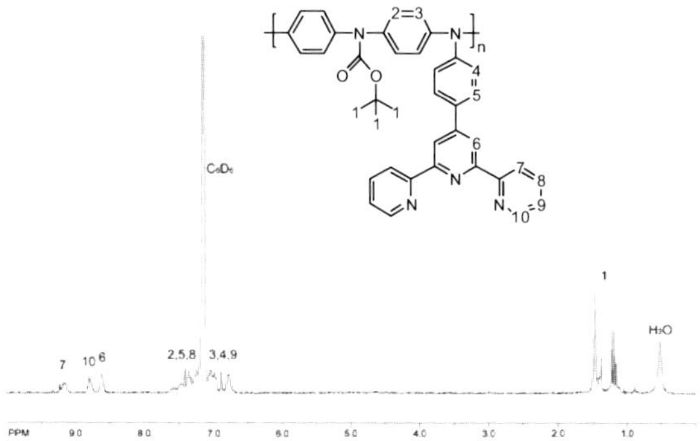

Abb. 4.6: ^{1}H-NMR-Spektrum von P-BocDA-TPY.

4.4.7. Synthese von P-FL-BS

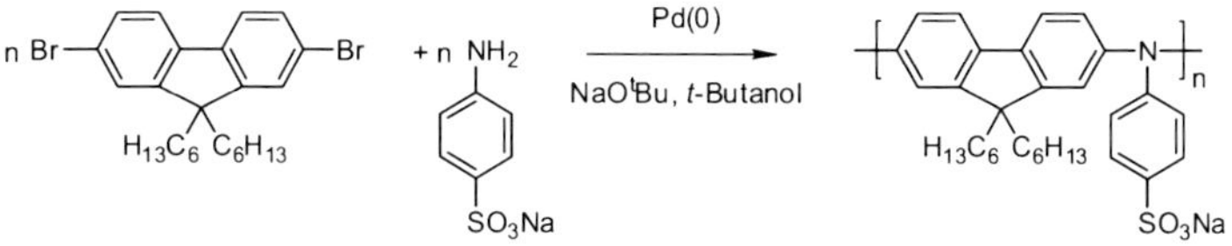

Unter Stickstoffatmosphäre werden 70,3 mg (0,406 mmol) Natrium 4-Aminobenzolsulfonat und 200 mg (0,406 mmol) 2,7-Dibromo-9,9-dihexylfluoren in 10 ml *t*-Butanol in einem Schlenkrohr gelöst. Zu diesem Gemisch wird der Katalysator, eine Lösung von 9,3 mg (10,1 µmol) Tris(dibenzylidenaceton)-dipalladium und 12,4 mg (61,4 µmol) Tris-*t*-butylphosphin in *t*-Butanol, zugetropft. Anschließend werden 195,1 mg (2,03 mmol) Natrium-*t*-butoxid zugegeben. Das Reaktionsgemisch wird auf 100 °C erhitzt und 24 Stunden gerührt. Nach Abkühlen auf Raumtemperatur wird Dichlormethan zugegeben, um das Polymer auszufällen. Das enthaltene Rohprodukt wird filtriert und mit einer Dichlormethan:Aceton Mischung (1:1 v/v) gereinigt, um das gewünschte Produkt in brauner Pulverform zu enthalten. Ausbeute: 180 mg (88 %). M_w: 1194 g/mol (mit MALDI-TOF bestimmt).

Experimenteller Teil

^{1}H-NMR (300 MHz, DMSO-d$_6$): δ (ppm) 0,73-1,75 (Alkanketten); 6,44 (d, Phenyl-H); 6,92 (FL arom. H); 7,11 (FL arom. H); 7,25 (d, Phenyl-H); 7,48 (FL arom. H); 7,61 (FL arom. H); 7,80 (d, FL arom. H); 7,86 (d, FL arom. H) (siehe auch Abb. 4.7).

	DMSO
Absorption λ$_{max}$	368 nm
Emission λ$_{max}$	422 nm
Φ$_f$	45%

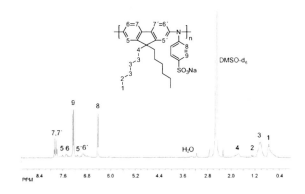

Abb. 4.7:   *^{1}H-NMR-Spektrum von P-FL-BS.*

5. Zusammenfassung

Im Rahmen dieser Dissertation ist es gelungen, mittels palladiumkatalysierter Polykondensation nach Buchwald und Hartwig neue konjugierte Polyiminoarylene mit ebenfalls konjugierten Terpyridin-Substituenten herzustellen. Die Molekulargewichte der Polymere lagen zwischen ca. 4.000 und 2.000 g/mol. Die Polymere lösen sich gut in Toluol, Xylol, Chloroform, Dichlormethan und THF und bilden dabei stark fluoreszierende Lösungen. Es wurde gezeigt, dass die Fluoreszenz stark vom Aromaten in der konjugierten Polymerkette beeinflusst wird. Je nach Aryleneinheit wurde eine unterschiedliche Fluoreszenz und Fluoreszenzquantenausbeute beobachtet. Eine positive Solvatochromie sowie eine Zunahme der Fluoreszenzquantenausbeute mit abnehmender Polarität des Lösungsmittels waren festzustellen.

Die polytopischen Ligandenmoleküle sind in der Lage, Metallionen selektiv zu komplexieren. Die Komplexbildung wird aufgrund der konjugierten Struktur durch eine Rotverschiebung der Absorption und Löschung der Fluoreszenz mit hoher Selektivität und Empfindlichkeit im ppb-Bereich angezeigt. Die Ionochromie macht die Polymere als kolorimetrische und fluorimetrische Chemosensoren interessant.

Durch alternierendes Tauchen von festen Trägern in Lösungen der Polymere und der Metallsalze gelang erstmals der Aufbau ultradünner Filme durch ausschließlich koordinative Wechselwirkungen. Das ist ein Fortschritt, da diese Filme, anders als die bisher beschriebenen, durch elektrostatische Adsorption hergestellten Koordinationspolymerfilme, keine Gegen-Polyelektrolyte zur Herstellung benötigen, die die funktionellen Eigenschaften beeinträchtigen.

In einer ausführlichen Untersuchung wurden die Herstellungsparameter (Tauchzeit, Waschzeit, Konzentration der Tauchlösungen, Art der Lösungsmittel sowie Zusammensetzung der Lösungsmittelgemische für Tauchlösungen und Reinigung der Substrate) der Filmherstellung optimiert, damit die Herstellung der Filme ein schneller und einfacher Prozess wird. Unter optimierten Bedingungen ist es möglich z. B. die Filme aus P-FL-TPY und Zn-Metallionen innerhalb von weniger als 5 min herzustellen. Die mit 12 Tauchzyklen hergestellten Filme besitzen dabei eine Dicke von 100 nm und eine homogene Oberfläche.

Zusammenfassung

Erstmals gelang auch die Herstellung elektrochromer ultradünner Filme eines Koordinationspolymers. Die Filme sind technisch interessant wegen hoher Stabilität, hohem Kontrast und kurzer Schaltzeit. Insbesondere die Verwendung der Polyiminofluoren-Hauptkette ist aufgrund guter Löslichkeit, niedrigem Oxidationspotential, reversibler Oxidierbarkeit, hohem Kontrast in der Transmission im neutralen und oxidierten Zustand, und der Möglichkeit, an den N-Atomen funktionelle Gruppen wie z. B. die TPY-Liganden anzubringen, vorteilhaft. Durch den polytopischen Charakter wird bei Immobilisierung des Polymers auf einem Träger eine hohe Konzentration an Ligandengruppen bereitgestellt, die wiederum eine hohe Anzahl an Metallionen binden kann usw. Außerdem entsteht bei der Metallkomplexierung eine vernetzte Struktur, die die Desorption einzelner Ketten (im Gegensatz zu ditopischen Liganden) unmöglich macht.

Die Struktur der polytopischen Liganden bietet zahlreiche Variationsmöglichkeiten und interessante Farbvarianten bei der Elektrochromie. Besonders die elektrochemische Oxidation der Koordinationspolymerfilme ist von auffälligen Farbwechseln, die von der Art des Metallkomplexes mit dem Polymer beeinflusst werden, begleitet. Es wurde gezeigt, dass die Elektrochromie durch die Oxidation der Polymerkette zustande kommt. Die Ionochromie der Filme im neutralen Zustand basiert allerdings auf Wechselwirkungen zwischen den Metallionen und den TPY-Liganden. In Abb. 5.1 sind alle hergestellten elektrochromen Filme im neutralen und oxidierten Zustand zusammengestellt.

Durch den Einbau von funktionellen Gegenionen in die positiv geladenen Koordinationspolymernetzwerke konnten die elektrochemischen sowie elektrochromen Eigenschaften der Filme variiert und verbessert werden. Durch zusätzliche Elektrochromie der Gegenionen konnte der elektrochrome Farbwechsel der Koordinationspolymerfime modifiziert und ihr Kontrast erhöht werden. Der Einbau von großen Gegenionen hat zu einer Vergrößerung der Abstände zwischen den Polymerschichten geführt, was die Mobilität der Ionen und Elektronen im Film erhöht. Aus diesem Grund haben sich die Schaltzeiten der Filme verkürzt.

Die Behandlung mit Säuren zeigte, dass die Polyiminoarylene sowie die Koordinationspolymerfilme auch chemisch oxidiert werden können. Die untersuchten Polymere zeigen bei Zugabe einer Säure einen ausgeprägten Farbwechsel, der sowohl in organischen Lösungsmitteln als auch in den Koordinationspolymerfilmen mit Metallionen

Zusammenfassung

auftritt. Je nach Säure bzw. Stärke des Oxidationsmittels können die Polymere entweder nur bis zur ersten Oxidationsstufe oder vollständig oxidiert werden.

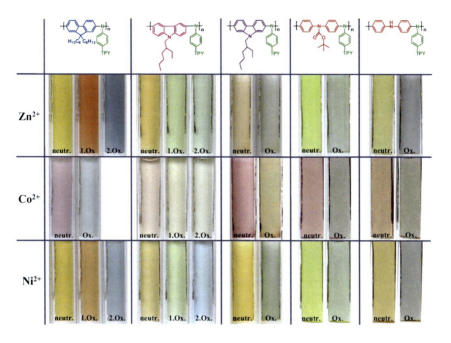

Abb. 5.1: *Elektrochrome Koordinationspolymerfime.*

Durch Herstellung von organischen Leuchtdioden wurde die Elektrolumineszenz einiger Polyiminoarylene bzw. deren Zn-Metallkomplexe untersucht. Alle hergestellten OLEDs zeigten Elektrolumineszenz, die vom Aromaten in der konjugierten Polymerkette bestimmt wurde. Die Effizienz des besten Bauteils erreichte 0,6 cd·A^{-1}.

Außerdem konnte demonstriert werden, dass sich die im Film komplexierten Zn-Ionen gegen andere Metallionen wie Fe^{2+}, Co^{2+} und Cu^{2+} austauschen lassen. Durch den starren aromatischen Charakter der Haupt- und Seitenketten ergibt sich nach der Metallionenkomplexierung eine poröse Netzwerkstruktur, die einen raschen Ionentransport in den Filmen zur Folge hat. Die poröse Netzwerkstruktur, verbunden mit der positiven Ladung der koordinativ gebundenen Metallionen machen die Filme interessant als Membranen, insbesondere als Molekül- und Ionensiebe oder Ionenaustauscher.

6. Literatur

[1] U. S. Schubert, C. Eschbaumer, *Angew. Chem.* **114**, 3016 (2002).
[2] P. F. H. Schwab, F. Fleischer, J. Michl, *J. Org. Chem.* **67**, 443 (2002).
[3] G. R. Newkome, A. K. Patri, E. Holder, U. S. Schubert, *Eur. J. Org. Chem.* 235 (2004).
[4] E. C. Constable, M. D. Ward, *J.Chem. Soc., Dalton Trans.* 1405 (1990).
[5] K. T. Potts, D. Konwar, *J. Org. Chem.* **56**, 4851 (1991).
[6] H. H. Sung, H. C. Lin, *Macromolecules* **37**, 7945 (2004).
[7] H. H. Sung, H. C. Lin, *J. Polym. Sci., Pt. A: Polym. Chem.* **43**, 2700 (2005).
[8] C. Piguet, J.-C. G. Bünzli, *Eur. J. Solid State Inorg. Chem.* **33**, 165 (1996).
[9] A. W. Addison, T. N. Rao, C. G. Wahlgren, *J. Heterocyclic Chem.* **20**, 1481 (1983).
[10] C. A. Kilner, M. A. Halcrow, *Acta Cryst.* **C62**, 437 (2006).
[11] R. Hao, M. Li, Y. Wang, J. Zhang, Y. Ma, L. Fu, X. Wen, Y. Wu, X. Ai, S. Zhang, Y. Wie, *Adv. Funct. Mater.* **17**, 3663 (2007).
[12] S. R. Halper, J. R. Stork, S. M. Cohen, *Dalton Trans.* 1067 (2007).
[13] T. E. Wood, A. Thomson, *Chem. Rev.* **107**, 1831 (2007).
[14] S. G. Morgan, F. H. Burstall, *J.Chem. Soc.* 20 (1932).
[15] L. Lashgari, M. Kritikos, R. Norrestam, T. Norrby, *Acta Crystallogr., Sect. C: Cryst. Struct. Commun.* **55**, 64 (1999).
[16] H. Hofmeier, U. S. Schubert, *Chem. Soc. Rev.* **33**, 373 (2004).
[17] R. Ziessel, *Synthesis* **11**, 1839 (1999).
[18] E. C. Constable, M. D. Ward, *J. Chem. Soc. Dalton Trans.* 1405 (1990).
[19] A. R. Rabindranath, *Dissetation*, Universität zu Köln, 2008.
[20] K. T. Potts, D. A. Usifer, *Macromolecules* **21**, 1985 (1988).
[21] M. Kimura, T. Horai, K. Hanabusa, H. Shirai, *Adv. Mater.* **10**, 459 (1998).
[22] Y. Zhang, C. B. Murphy, R. Praga, K. Pluchino, V. Ferry, W. E. Jones, *PMSE Preprints* **87**, 293 (2002).
[23] K. C. Nikolaou, P. G. Bulger, D. Sarlah, *Angev. Chem.* **117**, 4516 (2005).
[24] F. Ullmann, *Ber. Dtsch. Chem. Ges.* **36**, 2382 (1903).
[25] I. Goldberg, *Ber. Dtsch. Chem. Ges.* **39**, 1691 (1906).
[26] M. Kosugi, M. Kameyama, T. Migita, *Chem. Lett.* 927 81983).
[27] M. S. Driver, J. F. Hartwig, *J. Am. Chem. Soc.* **118**, 7217 (1996).
[28] J. P. Wolfe, S. Wagaw, S. L. Buchwald, *J. Am. Chem. Soc.* **118**, 7215 (1996).

Literatur

[29] J. P. Wolfe, S. L. Buchwald, *J. Org. Chem.* **65**, 1144 (2000).

[30] J. F. Hartwig, *Handbook of Organopalladium Chemistry for Organic Synthesis* (Ed.: E. Negishi), Wiley-Interscience, New York 2002, S. 1051-1096.

[31] A. R. Muci, S. L. Buchwald, *Top. Curr. Chem.* **219**, 131 (2002).

[32] J.-P. Corbet, G. Mignani, *Chem. Rev.* **106**, 2651 (2006).

[33] C. Mauger, G. Mignani, *Aldrichimike Acta* **39**, 17 (2006).

[34] L. Jiang, S. L. Buchwald, *Metal-Catalyzed Reactions, 2nd Edition, Vol. 2* (Eds.: A. de Meijere, F. Diederich), Wiley-VCH, Weinheim 2004, S. 699-760.

[35] T. Kanbara, Y. Nakadani, K. Hasegawa, *Polym. J.* **31**, 206 (1999).

[36] T. Kanbara, M. Oshima, T. Imayasu, K. Hasegawa, *Macromolecules* **31**, 8725 (1998).

[37] A. Balionyte, S. Grigalevicius, J. V. Grazulevicius, B. Klejevskaja, *Eur. Polym. J.* **41**, 1821 (2005).

[38] B.-J. Jung, J.-I. Lee, H. Y. Chu, L.-M. Do, H.-K. Shim, *Macromolecules* **35**, 2282 (2002).

[39] A. R. Rabindranath, Y. Zhu, K. Zhang, B. Tieke, *Polymer* **50**, 1637 (2009).

[40] C. M. Lampert, *Solar Energy Materials* **10**, 1 (1984).

[41] C. G. Granqvist, *Handbook of Inorganic Electrochromic Materials*, Elsevier, Amsterdam, 1995.

[42] P. M. S. Monk, R. J. Mortimer, D. R. Rosseinsky, *Electrochromism: Fundamentals and Applications*, VCH: Weinheim, Germany, 1995.

[43] O. Lev, Z. Wu, S. Bharathi, V. Glezer, A. Modestov, J. Gun, L. Rabinovich, S. Sampath, *Chem. Mater.* **9**, 2354 (1997).

[44] S. Kirchmeyer, K. Reuter, *J. Mater. Chem.* **15**, 2077 (2005).

[45] A. A. Argun, P.-H- Aubert, B. C. Thompson, I. Schwendeman, C. L. Gaupp, J. Hwang, N. J. Pinto, D. B. Tanner, A. G. MacDiarmin, J. R. Reynolds, *Chem. Mater.* **16**, 4401 (2004).

[46] A. Kraft, M. Rottmann, H. Faltz, *Photonik* **2**, 76 (2007).

[47] S.-B. Kim, K. Harada, T. Yamamoto, *Macromolecules* **31**, 998 (1998).

[48] P.-H. Aubert, M. Knipper, L. Groenendaal, L. Lutsen, J. Manca, D. Vanderzande, *Macromolecules* **37**, 4087 (2004).

[49] S. Beaupré, J. Dumas, M. Lacrerc, *Chem. Mater.* **18**, 4011 (2006).

[50] B. C. Thomson, Y.-G. Kim, T. D. McCarley, J. R. Reynolds, *J. Am. Chem. Soc.* **128**, 12714 (2004).

[51] G.-S. Liou, H.-Y. Lin, *European Polymer Journal* **42**, 1051 (2006).

[52] G.-S. Liou, Y.-K. Fang, *Dyes and Pigmentsl* **74**, 273 (2007).
[53] G.-S. Liou, S.-H. Hsiao, N.-K. Huang, Y.-Lung Yang, *Macromolecules* **39**, 5337 (2006).
[54] G.-S. Liou, H.-W. Chen, H.-Y. Yen, *Macromol. Chem. Phys.* **207**, 1589 (2006).
[55] C.-W. Chang, G.-S. Liou, *Organic Electronics* **8**, 662 (2007).
[56] G.-S. Liou, H.-Y. Lin, *Macromolecules* **42**, 125 (2009).
[57] H.-J. Yen, G.-S. Liou, *Organic Electronics* **11**, 299 (2010).
[58] S.-H. Hsiao, G.-S. Liou, Y.-C. Kung, Y.-J. Lee, *European Polymer Journal* **46**, 1355 (2010).
[59] F. G. K. Baucke, B. Metz, J. Zauner, *Physik in unserer Zeit* **18**, 21 (1987).
[60] C. Borchard-Tuch, *Chem. Unserer Zeit* **39**, 430 (2005).
[61] M. Stepanek, *Pressetext Nachrichtenagentur* (http://pressetext.de/news/070329032/ intelligente-sonnenbrille-laesst-sich-dimmen/).
[62] M. Möller, *Dissertation*, Universität Osnabrück, 2005.
[63] R. J. Mortimer, *Chemical Society Reviews* **26**, 147 (1997).
[64] M. Woschniak-Fingerhut *Output* **1**, 4 (2008).
[65] A. Ulman, *An Introduction to Ultrathin Organic Films: From Langmuir-Blorgett to Self-Assembly*, Academic Press, Boston 1991.
[66] L. Netzer, J. Sagiv, *J. Am. Chem. Soc.* **105**, 674 (1083).
[67] G. Decher, J. D. Hong, *Makromol. Chem., Macromol. Symp.* **46**, 321 (1991).
[68] G. Decher, J. D. Hong, *Ber. Bunsenges. Phys. Chem.* **95**, 1430 (1991).
[69] G. Decher, J. D. Hong, J. Schmitt, *Thin Solid Films* **210/211**, 831 (1992).
[70] G. Decher, Y. Lvov, J. Schmitt, *Thin Solid Films* **244**, 772 (1994).
[71] G. Decher, *Science* **277**, 1232 (1997).
[72] R. K. Iler, *J. Colloid. Interf. Sci.* **21**, 569 (1966).
[73] M. Schütte, D. G. Kurth, M. R. Linford, H. Cölfen, H. Möhwald, *Angew. Chem.* **110**, 3058 (1998).
[74] D. G. Kurth, R. Osterhout, *Langmuir* **15**, 4842 (1999).
[75] D. G. Kurth, J. P. López, W.-F. Dong, *Chem. Cimmun.* 2119 (2005).
[76] K. Kanaizuka, M. Murata, Y. Nishimori, I. Mori, K. Nishio, H. Masuda, H. Nishihara, *Chem. Lett.* **34**, 534 (2005).
[77] K. Kanaizuka, H. Nishihara, *"Bottom-up Nanofabrication: Supermolecules, Self-Assemblies and Organized Films"*, Bd. 5 *"Organized Films"*, (Eds.: K. Ariga, H. S.

Nalwa), American Scientific Publishers, Stevenson Ranch, California 2009, S. 429-445.

[78] L. Kosbar, C. Srinivasan, A. Afzali, T. Graham, M. Copel, L. Krusin-Elbaum, *Langmuir* **22**, 7631 (2006).

[79] N. Tuccitto, V. Ferri, M. Cavazzini, S. Quici, G. Zhvnerko, A. Licciardello, M. A. Rampi, *Nature Materials* **8**, 41 (2009).

[80] N. Tuccitto, I. Delfanti, V. Torrisi, F. Scandola, C. Chiorboli, V. Stepanenko, F. Würthner, A. Licciardello, *Phys. Chem. Chem. Phys.* **11**, 4033 (2009).

[81] S. Boz, M. Stöhr, U. Soydaner, M. Mayor, *Angew. Chem.* **121**, 3225 (2009).

[82] R. Brückner, *Reaktionsmechanismen. Organische Reaktionen, Stereochemie, moderne Synthesemethoden*, 3. Aufl., Elsevier - Spektrum Akademischer Verlag, Heidelberg, Berlin, Oxford, 2004.

[83] C. K. Mann, K. K. Barnes, *Electrochemical Reactions in Nonaqueous Systems*, M. Dekker, INC., New York, 1970.

[84] H.-K. Song, E. J. Lee, S. M. Oh, *Chem. Mater.* **17**, 2232 (2005).

[85] H.-K- Song, G. T. R. Palmore, *Adv. Mater.* **18**, 1764, (2006).

[86] S. Therias, C. Mousty, C. Forano, J. P. Besse, *Langmuir* **12**, 4914 (1996).

[87] J. B. Beves, E. C. Constable, C. E. Housecroft, M. Neuburger, S. Schaffner, J. A. Zampese, *Eur. J. Org. Chem.* 3569 (2008).

[88] N. Yoshikawa, S. Yamabe, N. Kanehisa, H. Takashima, K. Tsukahara, *J. Phys. Org. Chem.* **22**, 410 (2009).

[89] H. Keypour, M. Dehdari, S. Salehzedeh, *Transition Metal Chemistry* **28**, 425 (2003).

[90] K. Schwetlick; H. G. O. Becker, *Organikum*, Wiley-VCH, Weinheim **2001**.

[91] D. D. Perrin; W. L. F. Armarego, *Purification of Laboratory Chemicals*, Butterworth-Heinemann Ltd **1988**.

[92] E. P. Woo, M. Inbasekaran, W. Shiang, G. R. Roof, International Patent, WO 97/05184, 1997.

[93] J.-I. Lee; G. Klaerner; R. D. Miller, Polymer Preprints **39**(2), 1047 (1998).

[94] O. Paliulis, J. Ostrauskaite, V. Gaidelis, V. Jankauskas, P. Strohriegl, *Macromol. Chem. Phys.* **204**(14), 1706, (2003).

[95] R.-S. Liu, W.-J. Zeng, B. Du, W. Yang, Q. Hou, W. Shi, Y. Zhang, Y. Cao, *Chin. J. Pol. Sci.* **26**(2), 231, (2008).

[96] K. Zhang, *Diplomarbeit*, Universität zu Köln, 2007.

[97] U. Fahnenstich, K.-H. Koch, K. Müllen, Makromol. Chem., Rapid Commun. **10**, 563, (1989).
[98] A. K. Flatt, J. M. Tour, *Tetrahedron Letts.* **44**, 6699, (2003).
[99] J. R. Lakowicz, in *Prinziples of Fluorescence Spectroscopy,* Kluwer, Academic/Plenum Publishers **1999**, 52ff.
[100] Jobin Yvon Ltd., *A Guide to Recording Fluorescence Quantum Yields.* http://www.jobinyvon.com/SiteResources/Data/MediaArchive/files/Fluorescence/applications/quantumyieldstrad.pdf

7. Danksagung

Die vorliegende Arbeit wurde unter Anleitung von Herrn Prof. Dr. Bernd Tieke in der Zeit von November 2006 bis August 2010 am Institut für Physikalische Chemie der Universität zu Köln angefertigt.

An dieser Stelle möchte ich allen, die zum Gelingen dieser Arbeit beigetragen haben, danken.

Mein besonderer Dank gilt meinem Doktorvater Herrn Prof. Dr. Bernd Tieke für die Aufnahme in seinem Arbeitskreis, für die Überlassung des interessanten Themas, die große forscherische Freiheit, die jederzeit gewährte Unterstützung und das in mich gesetzte Vertrauen.

Der Deutschen Forschungsgemeinschaft danke ich für die Finanzierung dieser Arbeit im Rahmen der Projekte TI 219/11-1 und /11-2. Für die finanzielle Unterstützung und die Möglichkeit zur Patentierung von Teilen dieser Arbeit gilt mein Dank weiterhin Ciba Specialty Chemicals, Basel, Schweiz. Mathias Düggeli und Roman Lenz danke ich für Ihre Kooperation.

Den ehemaligen Mitarbeitern Raman Rabindranath und Yu Zhu danke ich ganz herzlich für die Hilfsbereitschaft und die vielen guten Ratschläge, insbesondere in synthetischer Arbeit, die mir gerade am Anfang meiner Promotion sehr geholfen haben. Hassan Fakhrnabavi danke ich für die gute Zusammenarbeit und die Synthese von P-3,6-CBZ-TPY während seiner Postdoc-Zeit in unserer Gruppe.

Mein Dank gilt dem gesamten Arbeitskreis Tieke. Insbesondere bedanke ich mich bei meiner Laborkollegin Irina Welterlich für die nette Arbeitsatmosphäre und die zahlreichen Diskussionen. Mein Dank gilt weiterhin Kalie Cheng und Yulia Savyc für die Mitarbeit bei den experimentellen Arbeiten während ihrer Spezialpraktika. Kalie Cheng danke ich ferner für die Aushilfstätigkeit und das Korrekturlesen dieser Arbeit. Den Kollegen aus dem Nachbarlabor Kai Zhang und Iana Sterman danke ich für den Austausch fachlichen Wissens.

Danksagung

Belinda Berns danke ich für die Bereitstellung von 3,6-Dibromo-N-(2-ethylhexyl)carbazol und 2,7-Dibromo-N-(2-ethylhexyl)carbazol.

Bei Herrn Prof. Dr. Klaus Meerholz und Ruth Bruker möchte ich mich für die AFM-, REM-Aufnahmen, EDX-Messungen und profilometrischen Untersuchungen bedanken. Besonderer Dank geht weiterhin an Dirk Hertel aus dem Arbeitskreis Meerholz für die Elektrolumineszenzmessungen sowie an Tobias Lamkemeyer vom Institut für Genetik der Universität zu Köln für die MALDI-TOF-Messungen.

Mein herzlicher Dank und meine Liebe gehen an meinen Ehemann Albert und meinen Sohn Robert für die emotionale Unterstützung und den Rückhalt während der Promotion.

Und nicht zuletzt danke ich meinen Eltern, die in jeglicher Hinsicht die Grundsteine für meinen Weg gelegt haben.

Erklärung

Ich versichere, dass ich die von mir vorgelegte Dissertation selbständig angefertigt, die benutzten Quellen und Hilfsmittel vollständig angegeben und die Stellen der Arbeit - einschließlich Tabellen, Schemen und Abbildungen -, die anderen Werken im Wortlaut oder dem Sinn nach entnommen sind, in jedem Einzelfall als Entlehnung kenntlich gemacht habe; dass diese Dissertation noch keiner anderen Fakultät oder Universität zur Prüfung vorgelegt hat; dass sie - abgesehen von unten angegebenen Teilpublikationen - noch nicht veröffentlicht worden ist sowie, dass ich eine solche Veröffentlichung vor Abschluss des Promotionsverfahrens nicht vornehmen werde.

Die Bestimmungen dieser Promotionsordnung sind mir bekannt. Die von mir vorgelegte Dissertation ist von Prof. Dr. B. Tieke betreut worden.

Teilpublikationen

Maier, Anna; Fakhrnabavi, Hassan; Rabindranath, A. Raman; Tieke, Bernd: Supramolecular assembly of electrochromic films of terpyridine-functionalized polyiminocarbazolylene metal complexes, *J. Mater. Chem.* (2010) eingereicht.

Maier, Anna; Rabindranath, A. Raman; Tieke, Bernd: Coordinative supramolecular self-assembly of electrochromic films based on metal ion complexes of polyiminofluorene with terpyridine substituent groups, *Chem. Mater.* **21**, 3668 (2009). http://dx.doi.org/10.1021/cm901158t

Maier, Anna; Rabindranath, A. Raman; Tieke, Bernd: Fast-switching electrochromic films of zinc polyiminofluorene-terpyridine prepared upon coordinative supramolecular assembly, *Adv. Mater.* **21**, 959 (2009). http://dx.doi.org/10.1002/adma.200802490

Rabindranath, A. Raman; Maier, Anna; Schäfer, Mathias; Tieke, Bernd: Luminescent and ionochromic polyiminofluorene with conjugated terpyridine substituent groups, *Macromol. Chem. Phys.* **210**, 659 (2009). http://dx.doi.org/10.1002/macp.200800542

Belghoul, Badreddine; Welterlich, Irina; Maier, Anna; Toutianoush, Ali; Rabindranath, A. Raman; Tieke, Bernd: Supramolecular sequential assembly of polymer thin films based on dimeric, dendrimeric and polymeric Schiff-base ligands and metal ions, *Langmuir* **23**, 5062 (2007). http://dx.doi.org/10.1021/la062044c

Patent

Electrochromic films prepared by supramolecular self-assembly
(Inv. B. Tieke, A. Maier, A. R. Rabindranath)
WO/2010/069797 (24.06.2010)

Lebenslauf

Persönliche Daten

Name: Maier (geb. Loseva) Anna
Geburtsort: Minsk, Weißrussland

Bildungsweg:

09/1985 – 06/1996 Mittelschule Nr. 137 Minsk, Weißrussland, Zeugnis der allgemeinen Hochschulreife

09/1996 – 06/2001 Studium an der Weißrussischen Staatlichen Technologischen Universität Minsk, Weißrussland
Fachrichtung: Chemische Technologie der Produktion und der Verarbeitung von organischen Stoffen
Abschluss: Dipl. Ing. Chem.

08/2001 – 05/2002 Entwicklungsingenieurin im Laboratorium für Polarisationsfilme am Institut für Chemie der Neuen Materialien an der Weißrussischen Akademie der Wissenschaften, Minsk

04/2003 – 09/2003 Studienvorbereitender Deutschkurs an der Universität zu Köln

10/2003 – 10/2006 Ergänzungsstudium der Chemie an der Universität zu Köln zur Anerkennung des weißrussischen Studienabschlusses für die Zulassung zur Promotion

11/2006 – 10/2010 Promotionsstudium an der Universität zu Köln
Fachrichtung: Physikalische (Makromolekulare) Chemie
Abschluss: Dr. rer. nat.

Der disserta Verlag bietet die kostenlose Publikation
Ihrer Dissertation als hochwertige
Hardcover- oder Paperback-Ausgabe.

Fachautoren bietet der disserta Verlag
die kostenlose Veröffentlichung professioneller Fachbücher.

Der disserta Verlag ist Partner für die Veröffentlichung
von Schriftenreihen aus Hochschule und Wissenschaft.

Weitere Informationen auf www.disserta-verlag.de

disserta
Verlag